工业和信息化部"十二五"规划教材
黑龙江省优秀学术著作出版资助项目

海洋浮体水动力学与运动性能

马　山　赵彬彬　廖康平　编著

哈爾濱工程大學出版社
Harbin Engineering University Press

内容简介

本书主要介绍了海洋浮体受到风、海浪、海流作用时结构的载荷评估及动力响应分析的相关内容。本书共分六个部分，包括概述、海洋结构物绕流载荷、细长海洋结构物的波流力、单自由度刚体动力学基础、大型浮式结构物运动与波浪力、浮体二阶水动力和慢漂运动。

本书既可用于船舶与海洋工程专业本科生教材，也可供相关专业的工程师和研究生参考。

图书在版编目(CIP)数据

海洋浮体水动力学与运动性能 / 马山，赵彬彬，廖康平编著. -- 哈尔滨：哈尔滨工程大学出版社，2019.4(2022.1 重印)

ISBN 978-7-5661-2136-3

Ⅰ. ①海… Ⅱ. ①马… ②赵… ③廖… Ⅲ. ①悬浮体-水动力学 Ⅳ. ①TV131.2

中国版本图书馆 CIP 数据核字(2018)第 284514 号

选题策划 宗盼盼
责任编辑 唐欢欢 张如意
封面设计 博鑫设计

出版发行 哈尔滨工程大学出版社
社　　址 哈尔滨市南岗区南通大街 145 号
邮政编码 150001
发行电话 0451-82519328
传　　真 0451-82519699
经　　销 新华书店
印　　刷 北京中石油彩色印刷有限责任公司
开　　本 787 mm×1 092 mm 1/16
印　　张 6.75
字　　数 172 千字
版　　次 2019 年 4 月第 1 版
印　　次 2022 年 1 月第 2 次印刷
定　　价 24.00 元

http://www.hrbeupress.com

E-mail:heupress@hrbeu.edu.cn

前　言

为了开发和利用海洋资源，各种形式的浮体结构不断出现，包括传统的半潜式平台、FPSO 等油气开发平台、波能和风能等可再生能源开发装置、海水养殖网箱、浮动式防波堤等。这些结构物的主尺度和结构形式多种多样，作业水深从数米到几千米变化不等。当受风、海浪和海流作用时，这些浮体结构的流体载荷与动力响应会对平台作业和结构安全性产生重要影响，与浮体结构连接的锚泊系统和海洋立管等细长的管线结构也会产生复杂的动力响应。评估这些不同结构形式的风、海浪和海流载荷对其自身的安全设计是十分必要的。

本书共 6 章，主要内容如下：

第 1 章是概述。主要包括浮式平台运动响应特征描述、与浮体水动力和运动性能相关的问题、海洋结构物水动力载荷特征、浮体水动力性能和运动工程评估手段。

第 2 章介绍海洋结构物绕流载荷。主要包括势流概念与圆柱绕流势流解、黏流与柱体绕流黏流解、海洋结构物上的风载荷和海流载荷。

第 3 章介绍细长海洋结构物的波流力。主要包括直立圆柱在波浪中受到的惯性力和拖曳力、莫里森公式、固定圆柱和振荡圆柱在不同流动中的受力分析等。

第 4 章介绍单自由度刚体动力学基础。主要包括线性单自由度系统（SDOF）的无阻尼自由振动、无阻尼线性单自由度系统的简谐激励响应、线性单自由度系统（SDOF）在黏性阻尼作用下的自由振动、线性阻尼单自由度系统简谐激励下的稳态响应。

第 5 章介绍大型浮式结构物运动与波浪力。主要包括坐标系和浮体运动描述、规则波中的浮体摇荡运动和流动线性化定解条件、规则波中浮体受到的线性水动力、浮筒波浪中垂荡运动分析等。

第 6 章介绍浮体二阶水动力和慢漂运动。主要包括浮式平台二阶非线性问题概述、压力直接积分法获得二阶漂移力、不规则波中的二阶慢漂力等。

编著者
2015 年 8 月

前言

目　　录

第1章　概　　述

海洋工程中的结构物有多种形式，包括传统油气开发用的钻井、生产、采油等各种平台，也包括当前为可再生能源开采而研发的波能、风浪利用装置等，其种类繁多，工作水域从几米到几千米变化，受到的风浪环境也有很大差异。

海洋油气开发正向深海发展。为适应深海恶劣的海洋环境、保证油气勘探和作业的需要，不同形式的浮式平台不断出现，包括半潜式平台、浮式生产储油卸油装置（FPSO）、钻井船、张力腿平台和单筒式平台等。为了满足定位和作业生产的需要，平台上还连接有专门设计的锚链和海洋立管等细长柔性构件。

当受到风、海浪和海流环境载荷作用时，浮式平台将产生六个自由度的摇荡运动，与平台相连接的锚泊和海洋立管也会产生复杂的动力响应。浮式平台流体载荷效应和相关的动力响应会对平台作业和安全产生重要影响，因此有必要了解浮式平台运动响应特征，合理评估作用在浮式平台系统上的载荷。

下面首先介绍海上浮式平台运动响应特征，其次了解与浮体水动力和运动性能相关的问题，最后介绍海洋结构物水动力载荷特性、浮体水动力性能和运动工程评估手段。

1.1　浮式平台运动响应特征描述

浮式平台运动包括三个线位移和三个角位移运动。其中线位移运动指相对于浮体平均位置沿着三个坐标轴的线位移分量，分别称为纵荡、横荡和垂荡运动，而角位移运动指围绕浮体平均位置绕着三个坐标轴的角位移分量，分别称为横摇、纵摇和艏摇运动。对于浮体线位移，一般来说是相对于固连于大地的定坐标系度量。而对于浮体角位移，严格来说反映的是随着浮体转动，固连于浮体上的连体坐标系三个轴相对于固定于大地的坐标系三个轴的转角，常用欧拉角来表示。在转角较小时，可近似地理解为围绕定坐标系三个轴的转动。

按照受波浪、风载荷激励作用浮体运动周期范围，常可以把浮体运动分为波频运动、慢漂运动、平均漂移、高频运动等几类。

波频运动主要指受波浪激励作用产生的线性激励运动。波浪主要能量大致集中在3～20 s的范围内。在这个范围内（特别是8～16 s），波浪对浮式结构施加很大的载荷，浮式结构通过与波浪周期相同周期的运动做出响应，其运动幅值几乎以线性的方式与入射波幅相关联。图1－1显示的是某油船规则波RAO试验浪高仪测波数据，而图1－2给出的是某油船规则波RAO试验垂荡运动数据，由此可看出浮体垂荡运动周期与波浪起伏周期是一致的，属于典型的波频摇荡运动。

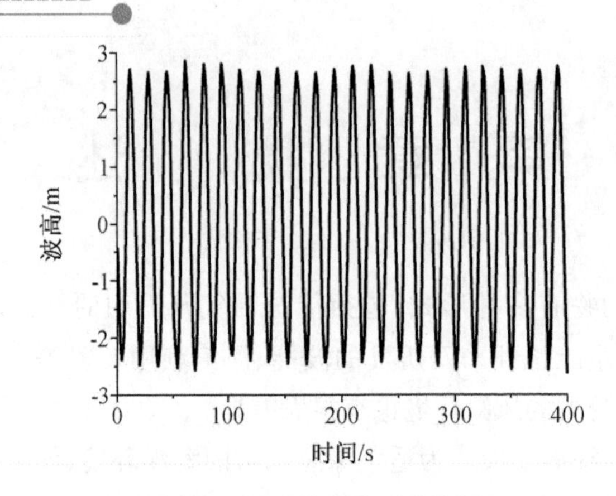

图 1-1　某油船规则波 RAO 试验浪高仪测波数据（$T=1.9$ s，$\beta=135°$）

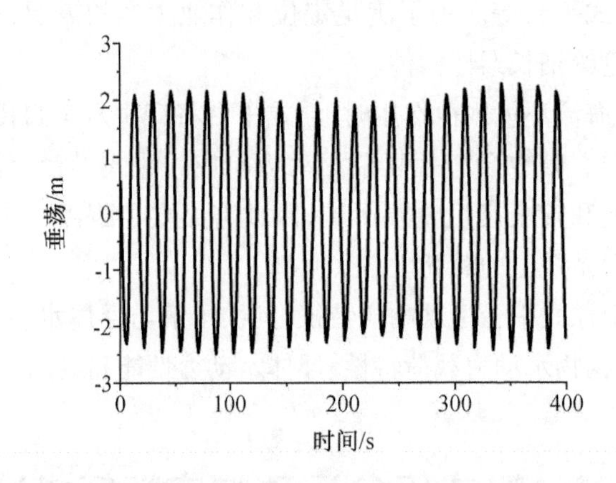

图 1-2　某油船规则波 RAO 试验垂荡运动数据（$T=1.9$ s，$\beta=135°$）

浮体的慢漂运动指受到来自波浪、流、风的低频激励时，系泊结构发生的低频慢漂运动。一般来说浮体慢漂运动与系泊结构物的水平共振运动有关（包括纵荡、横荡和艏摇），由于系泊结构物水平运动固有摇摆周期较长，通常在 1～2 min 左右，而且水平慢漂运动阻尼相对较小，故运动幅值较大，对锚泊系统设计和立管设计影响较大。图 1-3 和图 1-4 分别给出了某单点系泊 FPSO 在顶浪不规则波中运动响应测试的典型波高曲线和纵荡运动时历曲线。其中图 1-3 的波浪时历来自船首前方的入射波时历，图 1-4 为船舶重心处的纵荡位移时历。图 1-4 显示其纵荡运动具有显著的低频运动特征，响应周期明显长于入射波浪周期。

系泊结构物在风、浪和海流载荷作用下除了发生低频慢漂运动，还会产生相对于静平衡位置的定常漂移，主要指水平面的纵荡、横荡和艏摇偏移，产生原因与浮体受到的环境载荷中的定常分量有关。如图 1-4 所示，可以看出在顶浪不规则波作用下，系泊 FPSO 还在入射波浪传播方向上产生了一个负向的平均偏移，这是由于浮体受到平均波漂力作用产生了偏移运动。

与慢漂运动相对应，张力腿平台垂荡、横摇、纵摇运动固有周期为 2～4 s，远离波浪周期。在这一量级的周期内，其垂荡、横摇和纵摇波频运动可忽略，但平台会受到和频和高频波浪激励作用出现高频运动。该高频运动可以在模型试验中测量得到，这对于张力腿平台设计非常重要,经常被称作“击振”和“弹振”,是基于平台垂荡、纵摇和横摇的谐振(共振运动)。

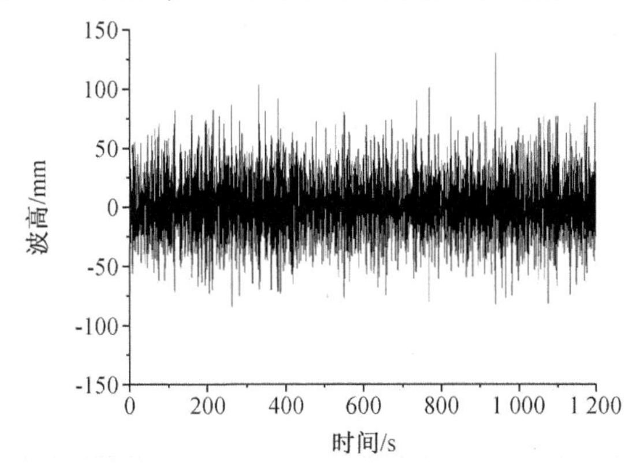

图 1-3　某单点系泊 FPSO 在顶浪不规则波中运动响应测试的典型波高曲线(有义波高 99 mm,谱峰周期 1.386 s)

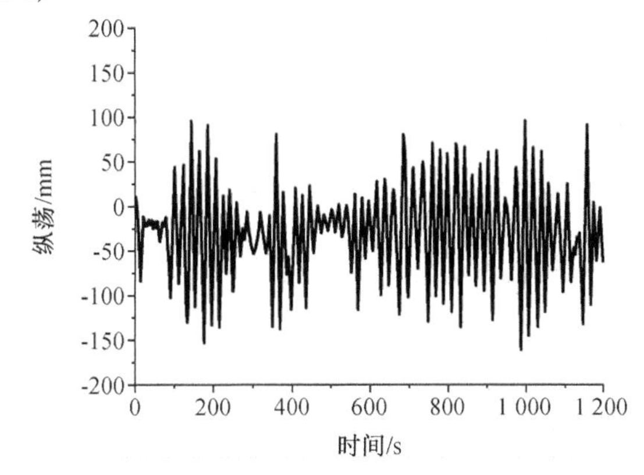

图 1-4　某单点系泊 FPSO 在顶浪不规则波中运动响应测试的纵荡运动时历曲线(有义波高 99 mm,谱峰周期 1.386 s,浪向角 180°)

对于上面介绍的浮体在风浪和海流作用下出现的这几种类型的运动,可以用浮体水动力分析的一阶和二阶理论很好的解释,在本书中将对相关运动产生的原因给出相关的分析和描述。

低频二阶作用力谱是非线性作用力低频分量的一次近似。和频二阶作用力谱包括大于波频的高频域的一部分。正如其名称所示,这些二阶作用力相对线性理论数值较小。但是一旦出现共振现象,可以诱发相当大的响应。

1.2　与浮体水动力和运动性能相关的问题

海洋结构物的作业和安全等很多指标都与浮体水动力性能和运动响应有关。下面举例说明。

1. 垂荡和横摇等运动的影响

横摇运动是需要评估的一种重要运动,如图 1-5 所示为起吊船运输作业,在起吊船运输作业过程中，过大的横摇运动势必引起起吊货物晃动，对移位和下放作业都是不利的。再比如半潜式钻井平台(图1-6)和钻井船在钻井作业时，过大的垂荡运动将很难保证钻杆的稳定和持续钻探，设计出低垂荡运动的结构物很重要，半潜式平台是具有优良的垂荡运动的一种结构物形式，适合开展深水钻井作业。

图1-5 起吊船运输作业

图1-6 半潜式钻井平台

2.定位系统设计和分析

对于一般的海洋浮式结构物而言，要为运动控制和作业要配置专门的定位系统，通常包括系泊定位和动力定位等多种形式。

系泊定位是各类海洋结构物最为常用的定位系统，一般是通过多根系泊缆索将平台与海底锚固，使得平台抵抗风浪环境作用而将其运动控制在一定范围内。系泊缆索的类型包括铁链、钢索、复合材料等，定位系统也分为悬链线式、半张紧式和张紧式等形式。受平台流体载荷作用，平台的定常偏移、波漂摇荡和低频慢漂运动会诱发系泊缆索显著的张力响应。

在较深水条件下，由风和波浪引起的浮体低频运动和漂移在恶劣海况下会引起系泊锚链产生显著的低频张力，影响到锚链极限强度评估和锚链系统选型。同时浮体大幅低频位移也是限制海洋立管正常作业的重要因素。深水开发系统的浮式平台与柔性系统(锚泊线和立管)间存在耦合，一方面浮体的波频振荡和低频漂移容易使锚泊线和立管产生显著的动态响应，另一方面系泊缆索和立管受到的流体阻尼力对平台低频运动阻尼贡献显著，影响到平台运动的准确评估，有必要进行浮体和系泊缆索/立管的动力耦合分析，同时求解两者的动力响应。

3.浮体和柔性杆件的涡激运动

在高湍流情况下，海流流经细长的柱体结构，会产生横向周期性的流载荷，引起结构的振荡，称为涡激振动(Vortex Induced Vibrations，VIV)。对于海洋立管(大跨度细长杆件)、海底管线、单筒式平台(Spar)、深吃水平台，VIV很容易发生，需要考虑其对平台运动、立管疲劳强度的影响。

4.浮体总体运动的一些衍生效应(气隙、砰击、上浪、液舱晃荡等)

对于半潜式平台、张力腿平台，在设计过程中比较关注的问题还包括气隙(即平台下甲板底部与波面间最小间隙)的评估。气隙是决定半潜式平台上部模块干舷高度的重要因素，气隙过小容易引起波浪对平台底板结构的砰击和破损，气隙过大使得平台重心和自重不易控制。而气隙的大小取决于平台和波浪间的垂向相对运动,与平台的垂向运动性能密切相关。

另外,对于 FPSO 之类的船型浮体,上浪和砰击载荷也是营运过程中的危险载荷,在浮体总体设计阶段就要加以考虑,而这些也与平台和波浪间相对垂向运动性能密切相关。

液舱晃荡对于散货船、油矿组合船(OBO)、液化天然气(LNG)船及在海上系船站装油的油轮都是一个问题。砰击载荷会影响局部构件强度,影响浮体总体运动和强度。

1.3　海洋结构物水动力载荷特征

实际的海洋工程结构形式多种多样,包括导管架、立管、锚链、半潜式平台、张力腿平台等柱体结构;FPSO、钻井船等大尺度的三维流线型细长浮体结构;Spar 平台的阻尼板、船体舭龙骨等平板结构;平台上部模块等三维箱型结构。由于这些结构形式和尺度不同,受到风、海浪和海流等作用,流动和载荷特征也不尽相同。

从载荷特征上来看,海洋浮体受到的海流、风载荷和波浪诱导的载荷存在显著的不同。

对于细长柱体结构受到的风和海流载荷,艉流场流动分离形成的压差阻力(黏性拖曳力)和周期性泻涡载荷显著,载荷系数依赖于流动雷诺数(Re)。由于流场的湍流特征,数值模拟并不容易。对于三维流线型浮体结构、平台上部模块受到的海流和风载荷,其载荷成分中包含摩擦阻力、压差阻力、升力和兴波阻尼等势流贡献,载荷分量与来流攻角相关。

而波浪诱导载荷则与海流载荷完全不同,主要表现在流场速度大小改变,方向也随时间周期性变化。为评估波浪诱导的载荷,根据结构物尺寸相对于波长的比例,作用在结构物上的波浪载荷可采用两种基本方法计算。

对于小尺度物体($\lambda/D\geqslant5$),结构物存在对原来波浪场结构的改变较小。从局部来看,来流可被视为均匀的。流体惯性力载荷和黏性力载荷占波浪载荷的主要成分。当前常使用半经验、半理论的 Morison 公式,将局部作用力与局部来流的加速度和速度联系起来,公式中的惯性力系数和拖曳力系数由试验得出,根据结构物与局部来流相对运动情况,发展成不同的形式。

对于大尺度结构($\lambda/D\leqslant5$),结构物的运动和存在改变了物体附近海浪的波形,绕射(Diffraction)和辐射(Radiation)理论用于研究波浪和浮体的相互作用。

1.4　浮体水动力性能和运动工程评估手段

1. 数值分析

随着高速计算机的迅速发展,数值计算在船舶和海洋结构物的波浪诱导运动和载荷模拟方面扮演着重要角色,特别是基于势流理论的浮体辐射和绕射水动力计算程序在工程上已经获得了广泛应用,同时基于黏流理论的计算流体动力学方法在海洋结构物黏流载荷和动力响应模拟上也取得了长足进展。但应该说明的是当前水动力学的研究仍须进行,特别是恶劣海浪对海洋浮体结构作用和柱体结构上分离黏性流模拟方面的研究工作。

2. 模型试验

从当前海洋浮体水动力性能评估来看，模型试验仍然发挥着重要作用。其目的包括把产品推向市场、检验设计、验证理论或数值方法，适用于采用理论或数值方法无法处理的问题，也可以得到经验性的系数（横摇运动阻尼系数、流力系数、风力系数等），用于修正势流水动力模型等。

模型试验也存在诸多缺点，包括尺度效应：当黏性力起主导作用时，从模型试验的结果换算到实尺结果有困难。几何尺度和模型试验的设备也会限制试验的可能性。

第 2 章　海洋结构物绕流载荷

2.1　势流概念与圆柱绕流势流解

1. 势流

真实流体通常是有旋流动，即速度场旋度不为零。当假设流体无旋时，即有

$$\left.\begin{aligned}\omega_x=\frac{1}{2}\left(\frac{\partial w}{\partial y}-\frac{\partial v}{\partial z}\right)=0 \qquad & \frac{\partial w}{\partial y}=\frac{\partial v}{\partial z}\\ \omega_y=\frac{1}{2}\left(\frac{\partial u}{\partial z}-\frac{\partial w}{\partial x}\right)=0 \quad \rightarrow \quad & \frac{\partial u}{\partial z}=\frac{\partial w}{\partial x}\\ \omega_z=\frac{1}{2}\left(\frac{\partial v}{\partial x}-\frac{\partial u}{\partial y}\right)=0 \qquad & \frac{\partial v}{\partial x}=\frac{\partial u}{\partial y}\end{aligned}\right\} \tag{2-1}$$

有旋流动与无旋流动的本质区别是流体微团是否存在角速度，若流场中的流体微团角速度均为零，则流动为无旋流动。从数学角度看，无旋流动的一个重要特性是存在势函数，即无旋则有势。

为了便于表述有势流动，从数学角度定义一个势函数来描述势流场。利用势函数可以方便地给出流场中任意给定位置处，指定方向上的速度分量。例如，直角坐标系下任意一点的三个速度分量可以表示为

$$u=\frac{\partial\varphi}{\partial x},\quad v=\frac{\partial\varphi}{\partial y},\quad w=\frac{\partial\varphi}{\partial z} \tag{2-2}$$

平面无旋流动中，另一个很重要的概念是流函数。流函数是流场中流线的反映，可以描述流场中流线的特性。流函数同流场中任意一点的速度分量的关系可以表示为

$$u=\frac{\partial\psi}{\partial y},\quad v=-\frac{\partial\psi}{\partial x} \tag{2-3}$$

流函数的物理意义：等流函数线就是流线；任意两条流线之间的单位宽度流量等于这两条流线的流函数值之差。

数学上，势函数和流函数互为共轭调和函数；物理上，等势线和流线相互垂直。

势流满足的方程可以通过连续性方程推导得到

$$\frac{\partial u}{\partial x}+\frac{\partial v}{\partial y}+\frac{\partial w}{\partial z}=0 \tag{2-4}$$

代入速度势可得

$$\frac{\partial^2\phi}{\partial x^2}+\frac{\partial^2\phi}{\partial y^2}+\frac{\partial^2\phi}{\partial z^2}=0 \tag{2-5}$$

势流中经常用的一个公式就是 Bernoulli 方程，该方程可由 Euler 方程推导得到。1755

年，Leonard Euler 基于牛顿第二定律推导了不可压缩、无黏流动的控制方程（即 Euler 方程）。在笛卡儿直角坐标系中，Euler 方程表述为

$$\left.\begin{aligned}\frac{Du}{Dt}=\frac{\partial u}{\partial t}+\frac{\partial u}{\partial x}\frac{\mathrm{d}x}{\mathrm{d}t}+\frac{\partial u}{\partial y}\frac{\mathrm{d}y}{\mathrm{d}t}+\frac{\partial u}{\partial z}\frac{\mathrm{d}z}{\mathrm{d}t}=\frac{\partial u}{\partial t}+u\frac{\partial u}{\partial x}+v\frac{\partial u}{\partial y}+w\frac{\partial u}{\partial z}=-\frac{1}{\rho}\frac{\partial p}{\partial x}\\ \frac{Dv}{Dt}=\frac{\partial v}{\partial t}+\frac{\partial v}{\partial x}\frac{\mathrm{d}x}{\mathrm{d}t}+\frac{\partial v}{\partial y}\frac{\mathrm{d}y}{\mathrm{d}t}+\frac{\partial v}{\partial z}\frac{\mathrm{d}z}{\mathrm{d}t}=\frac{\partial v}{\partial t}+u\frac{\partial v}{\partial x}+v\frac{\partial v}{\partial y}+w\frac{\partial v}{\partial z}=-\frac{1}{\rho}\frac{\partial p}{\partial y}\\ \frac{Dw}{Dt}=\frac{\partial w}{\partial t}+\frac{\partial w}{\partial x}\frac{\mathrm{d}x}{\mathrm{d}t}+\frac{\partial w}{\partial y}\frac{\mathrm{d}y}{\mathrm{d}t}+\frac{\partial w}{\partial z}\frac{\mathrm{d}z}{\mathrm{d}t}=\frac{\partial w}{\partial t}+u\frac{\partial w}{\partial x}+v\frac{\partial w}{\partial y}+w\frac{\partial w}{\partial z}=-\frac{1}{\rho}\frac{\partial p}{\partial z}\end{aligned}\right\} \tag{2-6}$$

代入速度势定义，不难得到 Bernoulli 方程

$$\frac{\partial\phi}{\partial t}+\frac{1}{2}\left[\left(\frac{\partial\phi}{\partial x}\right)^2+\left(\frac{\partial\phi}{\partial y}\right)^2+\left(\frac{\partial\phi}{\partial z}\right)^2\right]+\frac{p}{\rho}+gz=c(t) \tag{2-7}$$

势流基本解是势流的一个很重要的特点，满足 Laplace 方程的势流基本解有均匀流、源、汇、涡、偶极子等。

平面均匀流的势函数和流函数分别为

$$\phi=u\cdot x,\quad \psi=u\cdot y \tag{2-8}$$

平面点源与点汇的势函数和流函数在极坐标下分别为

$$\phi=\pm\frac{\sigma}{2\pi}\ln r,\quad \psi=\pm\frac{\sigma}{2\pi}\theta \tag{2-9}$$

平面点涡的势函数和流函数在极坐标下分别为

$$\phi=\pm\frac{\Gamma}{2\pi}\theta,\quad \psi=\pm\frac{\Gamma}{2\pi}\ln r \tag{2-10}$$

平面偶极子的势函数和流函数分别为

$$\phi=\mu\frac{x}{x^2+y^2}=\mu\frac{\cos\theta}{r},\quad \psi=\mu\frac{y}{x^2+y^2}=\mu\frac{\sin\theta}{r} \tag{2-11}$$

不难验证，以上基本解均满足 Laplace 方程。

2. 圆柱绕流势流解

势流基本解的一个重要特性是满足线性叠加原理，叠加后的解仍满足 Laplace 方程。

根据基本解线性叠加原理，将均匀流和偶极子进行叠加，则有

$$\phi=\mu\frac{x}{x^2+y^2}-U_\infty x=\mu\frac{\cos\theta}{r}-U_\infty r\cos\theta \tag{2-12}$$

$$\psi=\mu\frac{y}{x^2+y^2}-U_\infty y=\mu\frac{\sin\theta}{r}-U_\infty r\sin\theta \tag{2-13}$$

令偶极子强度为 $\mu=U_\infty R^2$，则有流函数为 0，即均匀流和偶极子叠加可模拟势流圆柱绕流（图 2－1）问题。

相应地，圆柱表面的切向速度分布为

$$v_\theta=2U_\infty\sin\theta \tag{2-14}$$

法向速度分布为

$$v_r=-\left.\frac{\partial\psi}{\partial\theta}\right|_{r=R}=0 \tag{2-15}$$

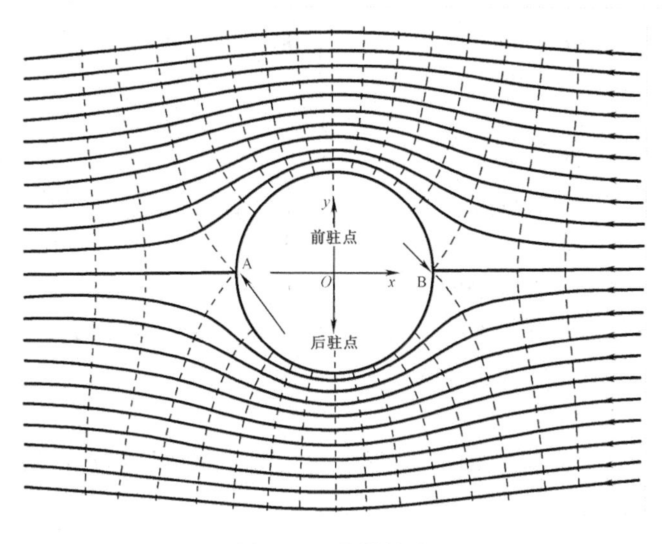

图 2-1　圆柱扰流

根据定常流动的 Bernoulli 方程，圆柱表面的压力分布为

$$p=p_0+\frac{1}{2}\rho U_\infty^2-\frac{1}{2}v_\theta^2=p_0+\frac{1}{2}\rho U_\infty^2(1-4\sin^2\theta) \tag{2-16}$$

压力系数为

$$c_p=\frac{p-p_0}{\frac{1}{2}\rho U_\infty^2}=(1-4\sin^2\theta) \tag{2-17}$$

圆柱受力为

$$F=-\int_0^l pn\mathrm{d}l=-\int_0^{2\pi}pnR\mathrm{d}\theta=\begin{cases}F_x=-\int_0^{2\pi}p\cos\theta R\mathrm{d}\theta=0\\F_y=-\int_0^{2\pi}p\sin\theta R\mathrm{d}\theta=0\end{cases} \tag{2-18}$$

势流场中，均匀流时，圆柱受力为零。该现象与实际物理现象不符合（即达朗贝尔佯谬）。原因是没有考虑黏性，真实流体绕圆柱流动时，由于黏性作用会产生脱体现象，在圆柱后方漩涡，导致压力场不对称，形成压差阻力（形状阻力）；同时，黏性作用会产生摩擦阻力。因此为了准确计算圆柱绕流载荷，需要考虑黏性效应。

2.2　黏流与柱体绕流黏流解

1. 黏流与因次分析

真实的流体都是有黏性的，黏性流体运动的基本特征是：运动有旋性、涡量扩散性、能量耗散性。

黏流控制方程为 Navier-Stokes 方程

$$\left.\begin{aligned}\frac{\partial u}{\partial t}+u\frac{\partial u}{\partial x}+v\frac{\partial u}{\partial y}+w\frac{\partial u}{\partial z}=f_x-\frac{1}{\rho}\frac{\partial p}{\partial x}+\frac{\mu}{\rho}\left(\frac{\partial^2 u}{\partial x^2}+\frac{\partial^2 u}{\partial y^2}+\frac{\partial^2 u}{\partial z^2}\right)\\ \frac{\partial v}{\partial t}+u\frac{\partial v}{\partial x}+v\frac{\partial v}{\partial y}+w\frac{\partial v}{\partial z}=f_y-\frac{1}{\rho}\frac{\partial p}{\partial y}+\frac{\mu}{\rho}\left(\frac{\partial^2 v}{\partial x^2}+\frac{\partial^2 v}{\partial y^2}+\frac{\partial^2 v}{\partial z^2}\right)\\ \frac{\partial w}{\partial t}+u\frac{\partial w}{\partial x}+v\frac{\partial w}{\partial y}+w\frac{\partial w}{\partial z}=f_z-\frac{1}{\rho}\frac{\partial p}{\partial z}+\frac{\mu}{\rho}\left(\frac{\partial^2 w}{\partial x^2}+\frac{\partial^2 w}{\partial y^2}+\frac{\partial^2 w}{\partial z^2}\right)\end{aligned}\right\}\tag{2-19}$$

由式(2－19)出发可得到 Euler 方程等一系列方程。

对 Navier－Stokes 方程进行无因次化，对于分析相似流动是很有必要的，下面介绍几个基本概念：

(1)流动相似

流动相似指流动中，对应时刻、对应位置处的所有物理量存在比例关系，包括几何相似、运动相似和动力相似。

(2)特征参量

特征参量指相似流动中，指定的具有代表性的物理量，通常包括：

①特征长度 L

如圆柱的直径、船长、机翼弦长等，几何相似系统只需选取一个特征长度。

②特征速度 U

如定常流的来流速度、旋转物体的切向速度等。

③特征时间 t_0

如非定常流动中振动频率的倒数($1/f_0$)、定常流中特征长度与特征速度之比(L/U)。

④特征压力 p_0

如流场中的静压力等。

⑤特征密度 ρ_0

如流场中的水密度、空气密度等。

⑥特征黏性 μ_0

如流场中水的黏性、空气的黏性等。

(3)无因次量

无因次量指任意物理量与其特征值之比。

因此在相似流动中，在对应时刻，流场中对应位置处所有物理量的无因次量相等。

下面对 Navier－Stokes 方程进行无因次化，原始 Navier－Stokes 方程为

$$\frac{\partial u_i}{\partial t}+u_j\frac{\partial u_i}{\partial x_j}=f_i-\frac{1}{\rho}\frac{\partial p}{\partial x_i}+\frac{\mu}{\rho}\nabla^2 u_i\tag{2-20}$$

无因次化后有

$$St\frac{\partial \bar{u}_i}{\partial \bar{t}}+\bar{u}_j\frac{\partial \bar{u}_i}{\partial \bar{x}_j}=\frac{1}{Fr^2}\bar{f}_i-Eu\frac{\partial \bar{p}}{\partial \bar{x}_i}+\frac{1}{Re}\nabla^2\bar{u}_i\tag{2-21}$$

式中 $$Re=\frac{\rho U_0 L}{\mu},Fr=\frac{U_0}{\sqrt{gL}},St=\frac{L}{U_0 t},Eu=\frac{p_0}{\rho U_0^2}$$

Re——对流惯性力与黏性力量级之比，反映黏性影响的相似准数。

Fr——对流惯性力与重力量级之比，反映重力影响的相似准数。

St——局部惯性力与对流惯性力量级之比，反映非定常流动的相似准数。

Eu——压力与对流惯性力量级之比，反映压力影响的相似准数。

不可压缩黏性流动相似的充要条件：几何相似不可压黏性流场中，若对应的无因次参数 *Re*、*Fr*、*St*、*Eu* 分别相等，则流动相似。若全部相似准数都相等，称为完全相似；若只有部分相似准数相等，称为部分相似。

2. 圆柱绕流黏流解特性

（1）层流（有规则的流动）

层流指流体平滑地分层流动，分子碰撞和交换，流体微团互不掺混。速度剖面是抛物面，平均速度是最大速度的一半，压力降与平均速度的一次方成正比。

（2）湍流（随机的漩涡运动）

除分子碰撞外，流体微团脉动掺混，从而产生了湍流扩散、湍流摩阻和湍流热传导，它们的强度比分子运动引起的扩散、摩阻和热传导大得多。速度剖面变得丰满，压力降几乎与平均速度的平方成正比。

层流和湍流在一定条件下是可以相互转化（转捩）的。Reynolds 通过圆管内的黏性流动实验发现：在一定外界条件下，层流和湍流之间的转化同 *Re* 的大小有关。实验证明，$Re < 2\ 000$ 时，管内流动总保持稳定的层流状态；$Re > 2\ 000$ 而小于某一上界时，管内流动出现不稳定状态；*Re* 大于某一上界时，流动完全发展为湍流。

（3）边界层

边界层指速度梯度很大的薄层，该薄层内部黏性起重要作用。根据 Prandtl 边界层模型，可将流场分为外区（忽略黏性效应，无黏流动）和内区（速度梯度大，必须考虑黏性效应）。

前面提到在势流场中均匀流时圆柱受力为零，产生该现象的原因是没有考虑黏性。

在黏性流体中，圆柱绕流阻力包括形状阻力和摩擦阻力。其中形状阻力体现为圆柱表面压力分布（图 2－2），在势流中表面压力分布对称，因此合力为零；而在黏性流体中由于黏性效应导致流动分离，物体前后压力分布不对称，如图 2－2 所示。摩擦阻力指黏性流体绕流过程中，物体表面受到黏性摩擦阻力。

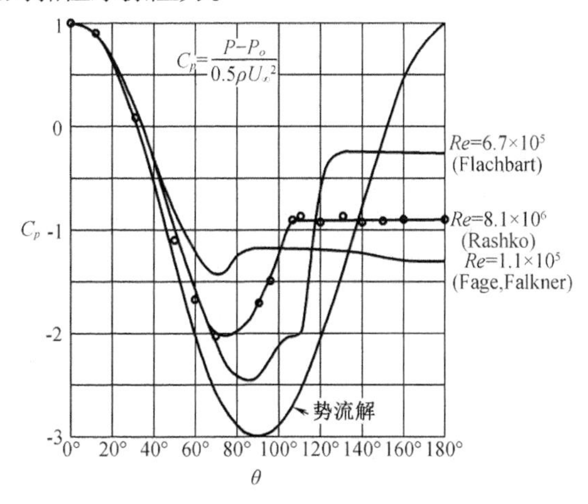

图 2－2　圆柱表面压力分布

圆柱绕流阻力系数定义为

$$C_D = \frac{F_D}{\frac{1}{2}\rho U_\infty^2 D} \tag{2-22}$$

不同雷诺数下的阻力系数与流动状态如图 2－3 所示。

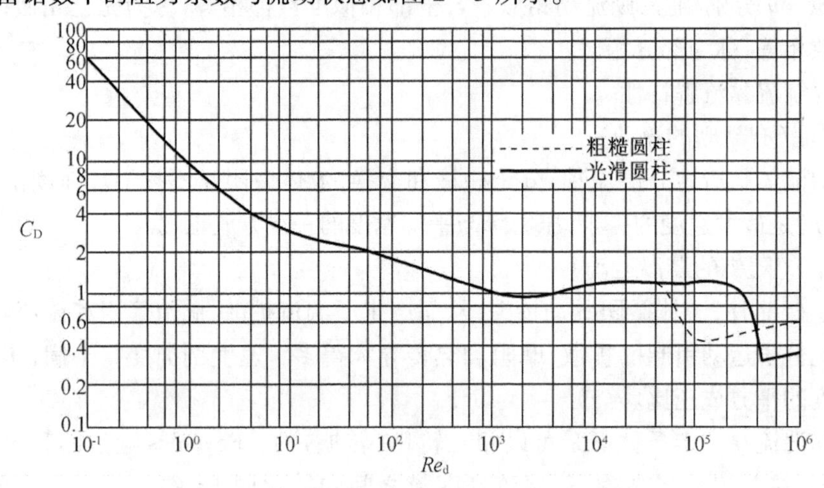

图 2－3　不同雷诺数下的阻力系数与运动状态

例题　二维圆柱在水中的下落速度问题，已知 $D=0.076$ m，$V(0)=5.0$ m/s，$F_W=196$ N，$\rho=1\ 025.9$ kg/m^3，$\nu=1.19\times10^{-6}$ m^2/s。假设 $300\ 000\leqslant Re\leqslant400\ 000$，$C_D=1.2$；$200\ 000\leqslant Re\leqslant300\ 000$，$C_D=1.4$；$100\ 000\leqslant Re\leqslant200\ 000$，$C_D=1.6$。求解当 F_D 与 F_W 达到平衡时的速度大小。

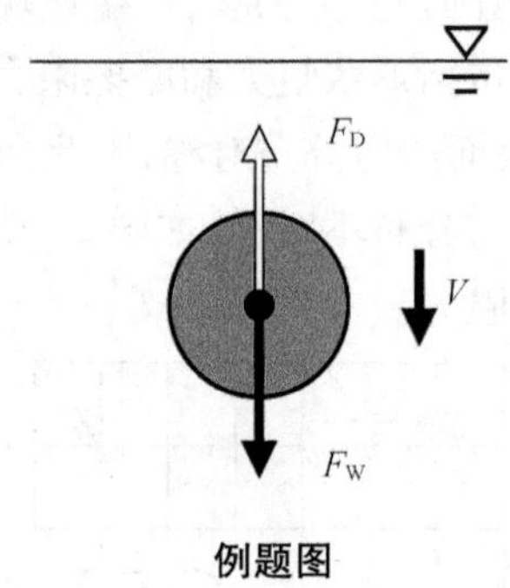

例题图

解　由 $V(0)=5.0$ m/s，可得 $Re=V(0)\times D/\nu\sim319\ 327$，$300\ 000\leqslant Re\leqslant400\ 000$，$C_D=1.2$，$F_D=F_W$

$$\frac{1}{2}\rho V^2\cdot C_D\cdot D=F_W\Rightarrow V=\sqrt{\frac{2F_W}{\rho C_D\cdot D}}\approx2.05(\text{m/s})$$

由 $V(1)=2.05$ m/s，可得 $Re=V(0)\times D/\nu\approx130\ 924$，$100\ 000\leqslant Re\leqslant200\ 000$，$C_D=1.6$，$F_D=F_W$

$$\frac{1}{2}\rho V^2\cdot C_D\cdot D=F_W\Rightarrow V=\sqrt{\frac{2F_W}{\rho C_D\cdot D}}\approx1.77(\text{m/s})$$

由 $V(2)=1.77\ \mathrm{m/s}$,可得 $Re=V(0)\times D/\nu\approx 113\ 041$,$100\ 000\leqslant Re\leqslant 200\ 000$,$C_D=1.6$,$F_D=F_W$

$$\frac{1}{2}\rho V^2\cdot C_D\cdot D=F_W\Rightarrow V=\sqrt{\frac{2F_W}{\rho C_D\cdot D}}\approx 1.77(\mathrm{m/s})$$

3. 带环量的圆柱绕流问题

一个旋转的圆柱绕流问题可看作带环量的圆柱绕流问题,相当于在固定圆柱绕流问题上叠加点涡。则相应速度势为

$$\phi=V_0\cos\theta\left(r+\frac{r_0^2}{r}\right)-\frac{\Gamma_0}{2\pi}\theta \tag{2-23}$$

流场速度分布为

$$v_r=\frac{\partial\phi}{\partial r}=V_0\cos\theta\left(1-\frac{a^2}{r^2}\right) \tag{2-24}$$

$$v_\theta=\frac{1}{r}\frac{\partial\phi}{\partial\theta}=-V_0\sin\theta\left(1+\frac{a^2}{r^2}\right)-\frac{\Gamma_0}{2\pi r} \tag{2-25}$$

圆柱表面速度分布为

$$v_r=0$$

$$v_\theta=-2V_0\sin\theta-\frac{\Gamma_0}{2\pi a}$$

圆柱表面的压力分布为

$$p=p_0+\frac{1}{2}\rho V_0^2\left(1-\left(2\sin\theta+\frac{\Gamma_0}{2\pi V_0R}\right)^2\right) \tag{2-26}$$

圆柱受力为

$$\begin{aligned}F&=-\iint_S p\mathbf{n}\mathrm{d}S\\&=-\iint_S\left(p_0+\frac{1}{2}\rho V_0^2\left(1-\left(2\sin\theta+\frac{\Gamma_0}{2\pi V_0R}\right)^2\right)\right)\mathbf{n}\mathrm{d}S\\&=0\mathbf{i}+\rho V_0\Gamma_0\mathbf{j}\end{aligned} \tag{2-27}$$

可以发现圆柱受到的阻力为0而升力不为0,这种现象称为Magnus效应,Magnus效应示意如图2-4所示。

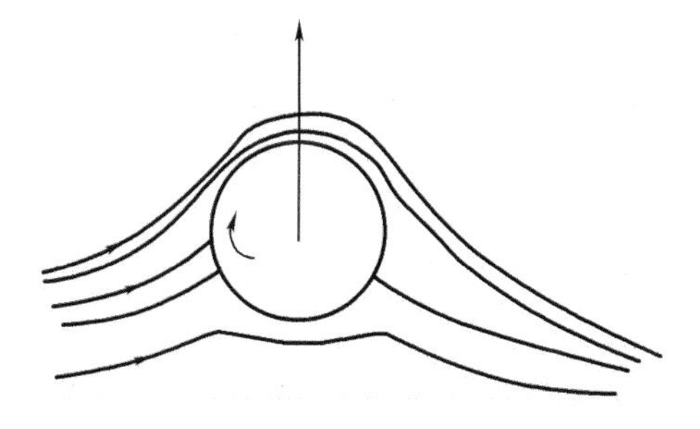

图2-4 Magnus效应示意图

4. 圆柱结构风载与流载

圆柱升力系数 C_L 与阻力系数 C_D 分别定义为

$$C_L = \frac{F_L}{\frac{1}{2}\rho U_0^2 A}$$

$$C_D = \frac{F_D}{\frac{1}{2}\rho U_0^2 A}$$

5. 翼型剖面黏性绕流载荷

机翼也是一种常见的剖面形状，机翼示意如图 2-5 所示。

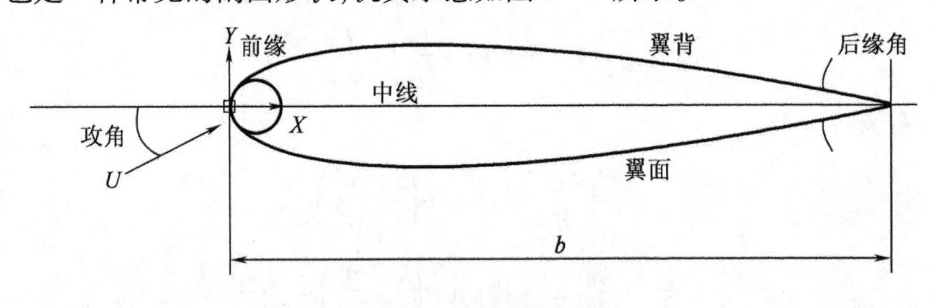

图 2-5　机翼示意图

机翼升力系数 C_L 与阻力系数 C_D 分别定义为

$$C_L = \frac{F_L}{\frac{1}{2}\rho U_0^2 A}$$

$$C_D = \frac{F_D}{\frac{1}{2}\rho U_0^2 A}$$

典型升力、阻力系数随攻角的变化如图 2-6 所示。

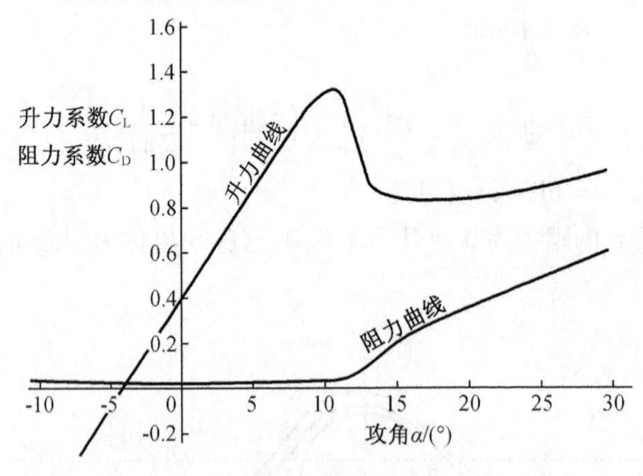

图 2-6　升力、阻力系数随攻角的变化

习题　已知翼型 NACA0018，$L = 3$ m，$c = 1.0$ m，$m = 40.0$ kg，$g = 10.0$ m/s^2。

假设起飞攻角 $\alpha = 15°$，飞机模型机体自身产生的升力能平衡 20% 的总体质量，求飞机模型的起飞速度。

2.3　海洋结构物上的风载荷

本章前面介绍了柱体定常绕流的载荷特性，基于阻力系数给出了圆柱体结构受到的阻力的一般表达式。对于一般的海洋工程结构，其受到的风载荷与流载荷都可以用类似方法来描述。本节主要分析平台结构在水面以上部分受到的风载荷表达。

1. 采用风力系数估算水面船型浮体受到的风载荷

对于钻井船、FPSO 等海工船舶和散货船、油船、集装箱船等民用应用船舶，由于具有较大的上层建筑模块，受到风载荷作用会增加海工船定位系统载荷、增加民用船航行阻力，设计阶段必须对其受到的风载荷进行估算。船型浮体受到的风力，一部分由于黏性效应引起形状阻力，一部分由于升力效应引起升力。对于钝体而言，物体所受的风力一般认为与雷诺数无关的同时，与风速的平方成正比。

船型浮体上部模块受到的风载荷分量包括轴向载荷、侧向载荷及艏摇力矩，载荷大小与风速、风向和风力系数有关。锚泊船受到的风载荷中用到的物理量示意如图 2－7 所示。

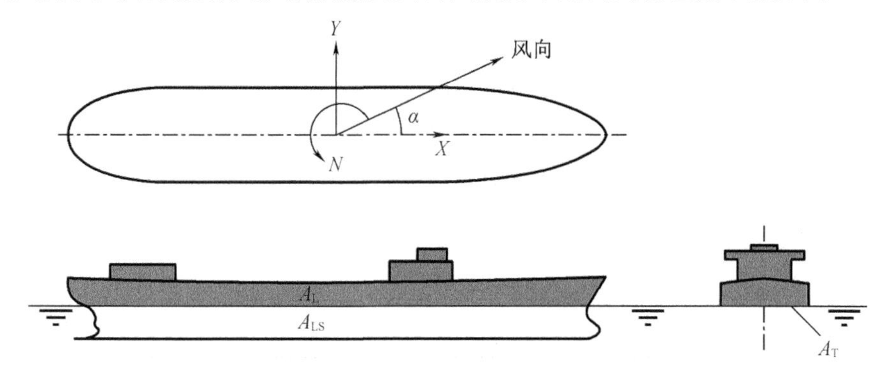

图 2－7　锚泊船受到的风载荷中用到的物理量示意图

对于船型浮体风载荷计算，常使用下述计算公式：

$$\left.\begin{aligned} X_w &= \frac{1}{2}\rho_{air}v_{rw}^2 C_{X_w}(\alpha_{rw})A_T \\ Y_w &= \frac{1}{2}\rho_{air}v_{rw}^2 C_{Y_w}(\alpha_{rw})A_L \\ N_w &= \frac{1}{2}\rho_{air}v_{rw}^2 C_{N_w}(\alpha_{rw})A_L L \end{aligned}\right\} \tag{2-28}$$

式中　X_w——定常纵向风力；

Y_w——定常侧向风力；

N_w——在水平面艏摇定常力矩；

ρ_{air}——空气密度，$\rho_{air} \approx \dfrac{\rho_{water}}{800}$；

v_{rw}——相对风速，表示实际风速与结构物定常运动速度的相对值；

α_{rw}——相对风向，从船尾吹向船首为0°，由实际风速和结构物定常运动速度合成速度方向所决定；

A_T——轴向投影的受风面积；

A_L——侧向投影的受风面积；

L——船的长度；

C_{X_w}、C_{Y_w}、C_{N_w}——风力系数，取决于风向。

对海工船而言，由于其船自身定常航速效应为零，其风向角仅由来风方向确定，风速也仅与来风风速相关。

式(2-28)的表达形式常用来进行船型浮体风载荷计算，该公式使用的关键是如何获得风载荷系数。对于风载荷系数估算，主要通过模型试验的方法来获得。针对大型油船的风载荷计算，石油公司国际海事论坛(OCIMF)基于模型试验数据，给出了满载和压载情况下，两种不同的船首形式风力系数曲线，具有较好的参考价值，广泛应用于系泊船工程设计分析。

荷兰MARIN水池的Remery和van Oortmerssen收集了11条不同油船的风力载荷数据，并将受力/力矩系数展开成不同迎风角的傅里叶级数，发现傅里叶级数的5阶展开已经相当准确，至少对初步设计来说已经足够，见表2-1。

$$\left.\begin{aligned} C_{X_w} &= a_0 + \sum_{n=1}^{5} a_n \cos(n \cdot \alpha_{rw}) \\ C_{Y_w} &= a_0 + \sum_{n=1}^{5} b_n \sin(n \cdot \alpha_{rw}) \\ C_{N_w} &= a_0 + \sum_{n=1}^{5} c_n \sin(n \cdot \alpha_{rw}) \end{aligned}\right\} \tag{2-29}$$

表2-1　用5阶傅里叶级数表示的不同船型风力及力矩系数

油船编号	1	2	3	4	5	6	7	8	9	10	11
垂线间长/m					225	225	225	225	172	150	150
装载条件	满载	压载	满载	压载	满载	压载	满载	压载	满载	满载	压载
舰桥位置	(1/2)L	(1/2)L	aft	aft	(1/2)L	(1/2)L	aft	aft	aft	aft	aft
a_0	-0.131	-0.079	-0.028	0.014	-0.074	-0.055	-0.038	-0.039	-0.042	-0.075	-0.051
a_1	0.738	0.615	0.799	0.732	1.05	0.748	0.83	0.646	0.487	0.711	0.577
a_2	-0.058	-0.104	-0.77	-0.055	0.017	0.018	0.031	0.034	-0.072	-0.082	-0.058
a_3	0.059	0.085	-0.054	-0.017	-0.062	-0.012	0.012	0.024	0.109	0.043	0.051
a_4	0.108	0.076	0.018	-0.018	0.08	0.015	0.021	-0.031	0.075	0.064	0.062
a_5	-0.001	0.025	-0.018	-0.058	-0.11	-0.151	-0.072	-0.09	-0.047	-0.038	0.006
b_1	0.786	0.880	0.697	0.785	0.707	0.731	0.718	0.735	0.764	0.819	0.879
b_2	0.039	0.004	0.014	0.014	-0.013	-0.014	0.032	0.003	0.037	0.051	0.026
b_3	0.003	-0.004	0.014	0.014	0.028	0.016	0.01	0.01	0.052	0.023	0.014
b_4	0.034	0.003	0.015	0.015	0.007	0.001	-0.001	-0.001	0.016	0.032	0.031

表 2-1(续)

油船编号	1	2	3	4	5	6	7	8	9	10	11
b_5	-0.019	-0.004	-0.020	-0.020	-0.044	-0.025	-0.04	-0.04	-0.003	-0.032	-0.029
$10\times c_1$	-0.451	-0.003	-0.524	-0.524	-0.216	-0.059	-0.526	-0.526	-0.125	-0.881	-0.644
$10\times c_2$	-0.617	-0.338	-0.738	-0.738	-0.531	0.73	-0.596	-0.596	-0.721	-0.681	-0.726
$10\times c_3$	-0.110	-0.080	-0.175	-0.175	-0.063	-0.035	0.111	-0.111	-0.345	-0.202	-0.244
$10\times c_4$	-0.110	-0.096	-0.089	-0.089	-0.073	-0.017	-0.113	-0.113	-0.127	-0.145	-0.076
$10\times c_5$	-0.010	-0.013	-0.021	-0.021	0.024	-0.013	0.099	0.099	-0.022	0.039	0.024

对于风载荷系数的确定，一些船级社和学者根据模型试验数据给出了针对某些船型的经验公式，也可以供工程设计初步评估。

2. 其他锚泊结构受到的风载荷

风对其他结构物的作用，如半潜平台上部模块，可以将其分解为多个基本构件，然后计算每个基本构件的受力，在许多资料中可以找到简单形状的物体的阻力系数，如圆球、圆柱、平板。在这种分析方法中，忽略了一个物体对另一个物体流场的影响。另外也可以通过模型试验等方法获得由多个基本构件组成的模块的风载荷系数，通过试验确定不同风向角下的风力系数，然后用于实际工程中的设计分析。

作用于浮体结构构件上的通用风力载荷公式可表示为

$$F_W = CqS\sin\alpha \tag{2-30}$$

式中　C——形状系数，在 DNV-RP C205 和 API RP2SK 2005 中对各种截面的柱体结构和三维甲板室结构的风力系数有所规定；

S——垂直于受力方向上的构件投影面积；

α——风向与曝露在风中的构件或表面轴线夹角；

q——基本风压，$q=\frac{1}{2}\rho_a U_{T,z}^2$；

其中　ρ_a——空气的密度，在 15℃的干燥空气中，取 1.226 kg/m^3；

$U_{T,z}$——距离水面高度为 z，在时间间隔 T 内的平均风速。

定义受风构件在受力方向或受力反向的单位法线为 $\boldsymbol{n}$，风向单位矢量为 $\boldsymbol{op}$，由 $\boldsymbol{n}$ 逆时针转至 $\boldsymbol{op}$ 间夹角为 β，则风力载荷公式可以改写为如下形式：

$$F_W = CqS\cos\beta\boldsymbol{n} \tag{2-31}$$

对于系泊结构的浮式平台，例如半潜式平台、TLP 平台、FPSO、Spar，需要考虑风的脉动引起的载荷效应，脉动风可以由基于 1 小时平均风速得到的定常分量加上由一个适当的经验风谱得到的时变分量来表示。

3. 风载荷估算的数值模拟方法

对于船型浮体和一般的海工结构风载荷评估，基于模型试验和经验公式估算方法在不同船型的应用上有一定限制，随着计算机性能的提高，采用计算流体动力学(Computational Fluid Dynamics，CFD)方法进行船型和海工浮体上部模块风场绕流模拟和风载荷估算开展了广泛研究和应用,大大拓展了风载荷评估的工程手段。在采用 CFD 方法进行浮体结构上风力载荷估算时,要注意到以下方面(DNV RP C205):

(1)其数值结果可能受 CFD 软件所使用的湍流模型影响较大;

(2)输入的风场要合理建模,包含风场的边界层效应;

(3)受风载结构的迎风面积应该在计算流体域中占小的比例;

(4)对于风载结构容积的每个立方根,应该至少要有 10 个流域网格,对于两个构件距离间,应该包含至少 10 个流域网格;

(5)在数值模拟过程中,要进行网格收敛性研究;

(6)数值结果应该获得风动模型试验结果验证。

2.4 海洋结构物上的流载荷

造成海洋流的原因有很多,如大洋环流导致局部出现定常流,太阳和月亮对地球引力的周期性变化导致的潮汐流,海水密度的不同,风的作用也会导致流的产生。需要指出的是风在海面的速度大约是距海面 10 m 高处速度的 3%,潮汐流对某些限制水域流场的影响较为重要,限制水域潮汐流速度一般为 2 ~ 3 kn,最大可达 10 kn。

对于海上浮体而言,海洋表面的流动是我们最关心的。但是,对于海上锚泊系统而言,流沿水深的分布情况也是我们比较关心的,对于设计者来说,浮体运营期间所能遇到的最大极限流是影响设计的最重要的因素,因此对流速度的实际测量、监测是必不可少的。由于流的速度、方向的变化比较缓慢,因此我们可以近似认为流是定常的。

流对浮体的作用可以分解为以下两部分:

(1)黏性效应

由于摩擦效应产生的黏性阻力,以及压差阻力。对于钝体而言,摩擦阻力可以忽略,压差阻力为主要阻力。

(2)势流影响

环量造成的升力效应,以及自由表面效应造成的阻力,相比而言后者是小量。

1. 采用流力系数估算水面船型浮体受到的流载荷

流的作用力/力矩可用下面的公式计算,公式中的流力系数通常需要通过模型试验方法来确定。

$$\left.\begin{aligned} X_c &= \frac{1}{2}\rho v_c^2 C_{X_c}(\alpha_c) A_{TS} \\ Y_c &= \frac{1}{2}\rho v_c^2 C_{Y_c}(\alpha_c) A_{LS} \\ N_c &= \frac{1}{2}\rho v_c^2 C_{N_c}(\alpha_c) A_{LS} L \end{aligned}\right\} \quad (2-32)$$

式中 X_c——定常的轴向流力;

Y_c——定常的侧向流力;

N_c——定常的艏摇力矩；

ρ——水的密度；

v_c——流的速度；

α_c——流向角，从船尾流向船首定义为零弧度角；

$C_{*_c}(\alpha_c)$——流力系数，取决于流向角；

A_{TS}——淹没的轴向投影面积，$A_{TS} \approx BT$；

A_{LS}——浸没的侧向投影面积，$A_{LS} \approx LT$；

其中　L——船长；

B——船宽；

T——吃水。

同船型浮体风载荷计算类似，船型浮体流载荷使用的关键是如何获得流载荷系数，主要通过模型试验的方法来获得。

针对大型油船的流载荷计算，OCIMF 基于模型试验数据，给出了满载和压载两种不同船首形式流力系数曲线，具有较好的参考价值，在系泊船工程设计分析中被广泛采用。

Remery 和 van Oortmerssen 在 MARIN 水池进行了试验研究，测试了不同型线、尺度的油船船模所受的流载荷，系数 C_{X_c}、C_{Y_c}、C_{N_c} 就是通过试验得到的。由于船舶大多是细长体，因此轴向的流载荷主要是摩擦阻力引起的，如果轴向流速较小，这个阻力是很难测准的，而且由船模试验推测实船所受的轴向阻力也是不准的，因为尺度效应很明显。

对于锚泊的船而言，轴向的流载荷是比较重要的。可以根据平板的摩擦阻力估算该力的大小，下面是国际船模拖曳水池会议(ITTC)推荐的计算公式：

$$X_c = \frac{0.075}{(\log_{10}(R_N - 2)^2)} \cdot \frac{1}{2}\rho V_c^2 \cos \alpha_c \cdot |\cos \alpha_c| \cdot S \tag{2-33}$$

式中　S——船舶湿表面积，$S \approx L \cdot (B + 2T)$；

V_c——流速度；

α_c——流的方向；

Re——雷诺数。

其中

$$Re = \frac{|\cos \alpha_c| V_c \cdot L}{v} \tag{2-34}$$

式中　v——运动黏性系数。

对油船而言，推测实船的横向力和艏摇力矩一般都没有问题。对于海流在油船的横向流动，船可以看作钝体，由于船体的舭部半径比较小，可认为在模型和实船中流动分离发生情形是一致的，横向力和艏摇力矩可认为与雷诺数无关。

MARIN 水池经过试验，将横向力、艏摇力矩展开成傅里叶级数。

$$\begin{aligned} C_{Y_c}(\alpha_c) &= \sum_1^n b_n \cdot \sin(n \cdot \alpha_c) \\ C_{N_c}(\alpha_c) &= \sum_1^n c_n \cdot \sin(n \cdot \alpha_c) \end{aligned} \tag{2-35}$$

5 阶傅里叶级数展开中用到的系数 b_n、c_n 的平均值可以从表 2－2 中获得。

表 2－2　用 5 阶傅里叶级数表示的横向和艏摇流力系数

n	b_n	$10 \times c_n$
1	0.908	－0.252
2	0.000	－0.904
3	－0.116	0.032
4	0.000	0.109
5	－0.033	0.011

以上公式可以在深水中应用，对于浅水，横向力和艏摇力矩系数则需要乘上一个修正系数，该系数随水深的变化见表 2－2。表 2－2 给出的 b_n、c_n 包含了自由面影响，该影响取决于水深、Froude 数及船舶的尺寸、流的速度，实际上，对于深水且流速在 3 kn 的量级，自由面效应很小。水深对横向力的影响如图 2－8 所示。

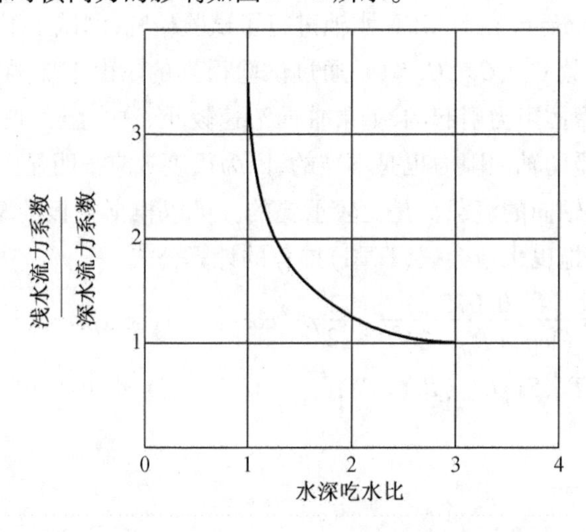

图 2－8　水深对横向力的影响

2. 其他锚泊结构受到的流载荷

对于其他类型浮体结构的流载荷估算可以采用前面介绍的风载荷的类似估算方法。

第 3 章　细长海洋结构物的波流力

海洋工程结构中有一类具有细长柱体类型的结构构件，包括近海桁架结构的支柱和撑杆、立管、某些类型的遥控设备的脐带电缆等，本章介绍这类结构的波流载荷分析方法。如无特殊说明，本章所提细长圆柱的受力都是单位长度的受力。

3.1　线性波浪理论

细长海洋结构物指的是相对于波长，横截面特征尺度较小的圆柱类结构。即圆柱直径 D 应当远小于波长 λ，通常要求 $\frac{D}{\lambda}<0.1\sim0.2$ 。

对于细长的海洋结构物，在分析其受到的波流力时采用如下基本假设：

(1)忽略圆柱体周围流场的空间变化，通常选择圆柱轴线处流场物理量来表征圆柱体周围流场特征；

(2)认为圆柱微元周围的流场是二维的，类似于船舶切片理论，但柱体轴线方向通常不是水平的；

(3)圆柱体受到的波流载荷方向、圆柱体的运动方向都是垂直于柱体轴线方向的。

因为这些细长结构物主要受到海浪和海流的影响，这里先介绍一些关于海浪的基本结果。如果使用线性波浪理论，考虑一个二维规则波，原点位于静水面上，z 轴竖直向上，x 轴水平向右，波浪沿 x 轴正方向传播。

以有限水深为例，则有

$$\phi=\frac{gA}{\omega}\frac{\cosh(k(h+z))}{\cosh(kh)}\sin(kx-\omega t+\varepsilon) \tag{3-1}$$

$$u=\frac{\partial\varphi}{\partial x}=\omega A\frac{\cosh(k(h+z))}{\sinh(kh)}\cos(kx-\omega t+\varepsilon) \tag{3-2}$$

$$w=\frac{\partial\varphi}{\partial z}=\omega A\frac{\sinh(k(h+z))}{\sinh(kh)}\sin(kx-\omega t+\varepsilon) \tag{3-3}$$

为了后面推导的方便，我们做一些符号简化，如下：

$$\begin{aligned}u&=u_{\mathrm{a}}\cos(kx-\omega t+\varepsilon)\\w&=w_{\mathrm{a}}\sin(kx-\omega t+\varepsilon)\end{aligned} \tag{3-4}$$

式中

$$\begin{aligned}u_{\mathrm{a}}&=\omega A\frac{\cosh(k(h+z))}{\sinh(kh)}\\w_{\mathrm{a}}&=\omega A\frac{\sinh(k(h+z))}{\sinh(kh)}\end{aligned} \tag{3-5}$$

细长结构物受力分析时也需要计算速度的一阶时间导数,即

$$\begin{aligned} \dot{u} &= \omega u_{a}\sin(kx-\omega t+\varepsilon) \\ \dot{w} &= -\omega w_{a}\cos(kx-\omega t+\varepsilon) \end{aligned} \tag{3-6}$$

可以看出上面这些公式中,主要用的波浪参数还是波数、波浪圆频率,它们之间通过线性波浪理论的色散关系式进行计算,如下:

$$\omega^2 = gk\tanh(kh) \tag{3-7}$$

若是深水波情况(水深大于波长的一半),则色散关系变为

$$\omega^2 = gk \tag{3-8}$$

3.2 直立圆柱在波浪中受到的惯性力

本节分析波浪中的直立细长圆柱受力问题,如图 3-1 所示。其中,规则波的波长用 λ 表示,圆柱的直径用 D 表示。

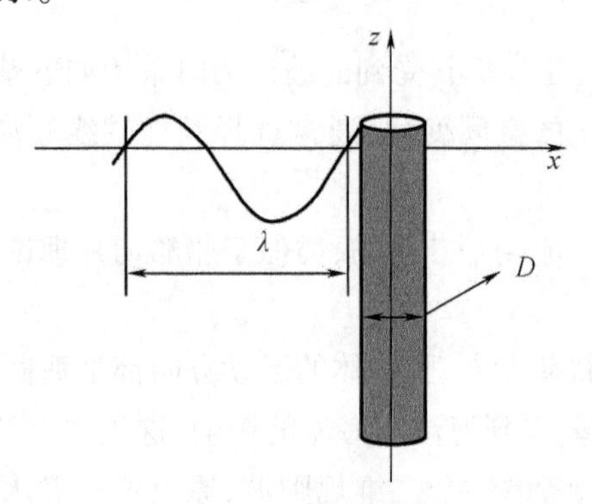

图 3-1 波浪中的直立细长圆柱受力问题

采用势流理论分析柱体受到的流体载荷,由于柱体细长,假设其不会引起周围入射波面的显著变化,柱体结构仅对柱体附近的来波流场产生局部扰动。柱体受力可分为以下三部分:

(1) Froude-Krylov 力(入射波主干扰力)

计算时不考虑浮体的存在对流场的影响,也不考虑浮体的运动对流场的影响,直接使用未扰动的入射波浪场对物体湿表面进行压力积分。

(2) 扰动波浪力

前面计算柱体受到的 Froude-Krylov 力时没有考虑柱体对流场的扰动。实际上,柱体的几何形状会迫使原流体绕过圆柱改变原波浪场局部速度并因此产生加速度,由此受扰动流场对柱体施加一个反作用力。这个力的产生类似于本书后面讨论的大尺度浮体结构受到的绕射波浪力。

(3) 附加质量力

如柱体受波浪作用发生振荡运动,将改变周围流体运动从而受到流体对柱体的反作用

力，该作用力与柱体振荡加速度成比例，方向相反，类似于流体力学中介绍的水下无界流中圆球非定常运动受到的附加质量力(惯性力)的表述。

1. 入射波主干扰力

入射波主干扰力又称压力梯度力，直接使用未扰动的波浪压力场对细长柱体湿表面进行积分，得到

$$F_{X_1}=\frac{\rho}{4}\pi D^2\dot{u}(t) \tag{3-9}$$

式中　$\dot{u}(t)$——柱体轴线处入射波的加速度。

2. 扰动波浪力

入射波等振荡流作用于细长直立圆柱体产生的扰动波浪力可按照相对运动假设由静水中振荡柱体受到的附加质量力获得，按照无界流中振荡柱体势流分析解，为

$$F_{X_2}=\frac{\rho}{4}\pi D^2\dot{u}(t) \tag{3-10}$$

而实际的流动问题中，由于流体黏性和流动分离的影响，势流理论的结果与物理试验结果并不一致，试验值通常小于势流理论的计算结果。因此，我们通常对扰动波浪力进行修正，引入一个“附加质量系数”C_a(Coefficient of added mass)。修正后的扰动波浪力为

$$F_{X_2}=\frac{\rho}{4}\pi D^2 C_a\dot{u}(t) \tag{3-11}$$

其中，$0<C_a<1$。

3. 附加质量力

在细长直立柱体发生振荡的情况下，单位长度直立圆柱体受到的附加质量力为

$$F_a=-C_a\frac{\rho}{4}\pi D^2\ddot{X}(t) \tag{3-12}$$

其中，$\ddot{X}(t)$代表细长结构物的运动加速度；负号代表结构物的受力方向与结构物运动加速度的方向是相反的。

注意到上面提到的入射波主干扰力和扰动波浪力与柱体轴线处来波流场加速度成正比，而附加质量力与柱体振荡加速度成正比，这些力的共同特征是与来流加速度或者自身振荡运动加速度成正比，统一称为流体惯性力。

4. 直立固定圆柱在波浪中受到的惯性力

当直立圆柱是固定的时，柱体振荡运动的附加质量为0，则受到的总的惯性力为

$$F_{惯性力}=F_{X_1}+F_{X_2}=\frac{\rho}{4}\pi D^2\dot{u}(t)+C_a\frac{\rho}{4}\pi D^2\dot{u}(t)=C_M\frac{\rho}{4}\pi D^2\rho\dot{u}(t) \tag{3-13}$$

其中，C_M为惯性力系数，$C_M=1+C_a$，$1<C_M<2$。

对于这种情况，细长固定直立圆柱在波浪中的惯性力组成见表3-1。

表 3-1　细长固定直立圆柱在波浪中的惯性力组成

力的成分	符号表示	理论值	物理试验值	实际应用值
Froude-Krylov 力	F_{X_1}	1	1	1
扰动波浪力	F_{X_2}	C_a	1	通常小于 1
惯性力	$F_{惯性力}$	C_M	2	1～2

5. 直立圆柱在静水中做振荡运动受到的惯性力

考虑一种简单情况，比如直立圆柱在静水中做水平方向的简谐运动，运动速度是

$$\dot{X}(t)=a\cos(\omega t) \tag{3-14}$$

其中，a 是运动速度的幅值，则运动加速度为

$$\ddot{X}(t)=-\omega a\sin(\omega t) \tag{3-15}$$

根据附加质量力的计算公式，该直立圆柱受到的流体惯性力为

$$F_R=C_a\pi R^2\rho\omega a\sin(\omega t) \tag{3-16}$$

由于没有入射波或来流，$F_I=0$，$F_D=0$。

故静水中直立圆柱振荡时受到的惯性力为

$$F_a=C_a\pi D^2\omega a\sin(\omega t) \tag{3-17}$$

3.3　直立圆柱在波浪中受到的拖曳力

上一小节中讲述的惯性力是基于势流理论，不考虑流体的黏性即可计算的，然而由于流体黏性的存在，还存在黏性力成分（或称拖曳力），需要使用黏性流体力学的知识进行数值计算，学者们也开展了大量的定常流中细长结构物拖曳力的物理实验。结果表明拖曳力与速度的平方成正比，与圆柱直径 D 成正比。假设柱体在随时间变化的振荡流中也受到一个类似的力，因此，拖曳力的表达式为

$$F_{拖曳力}=\frac{1}{2}\rho C_D Du(t)|u(t)| \tag{3-18}$$

其中，C_D 是拖曳力系数。

考虑一种简单情况，对于波浪中的固定直立圆柱，由于波浪速度可以表示为

$$u(t)=u_a\cos(\omega t) \tag{3-19}$$

其中，u_a 是水平速度幅值，那么单位长度上的拖曳力大小为

$$F_{拖曳力}=\frac{1}{2}\rho C_D Du_a^2\cos(\omega t)|\cos(\omega t)| \tag{3-20}$$

基于上面这个表达式，可以轻易计算出拖曳力的幅值$\frac{1}{2}\rho C_D Du_a^2$，也可以绘制拖曳力随时间的变化曲线。

3.4　莫里森公式

Morison 等提出了莫里森公式，对一个固定的直立圆柱，将惯性力和拖曳力进行简单的线性叠加，获得单位长度细长结构物上的合力，表达式如下：

$$F_{总} = F_{惯性力} + F_{拖曳力} = \frac{1}{4} C_{\mathrm{M}} \pi D^2 \rho \dot{u}(t) + \frac{1}{2} \rho C_{\mathrm{D}} D u(t) \left| u(t) \right| \tag{3-21}$$

其中，这两项中的第一项是惯性力，第二项是拖曳力。注意当对这两种力画时历曲线表示时，会发现二者相位差为 90°，如图 3－2 所示为速度、加速度的测量时历。

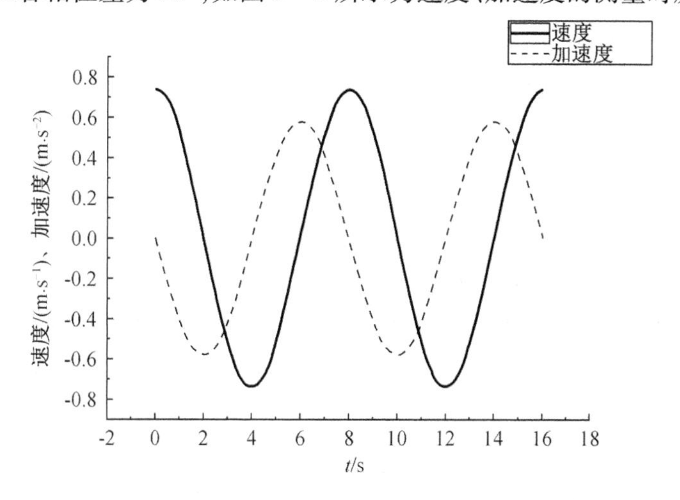

图 3－2　速度、加速度的测量时历（$H = 2$ m，$T = 8$ s）

从图 3－2 可以看出，速度和加速度的时历相位相差 90°，而拖曳力与速度乘以速度的绝对值成正比，因此惯性力和拖曳力的相位也相差 90°。将两者相加后，得到细长圆柱受力的测量时历，如图 3－3 所示。

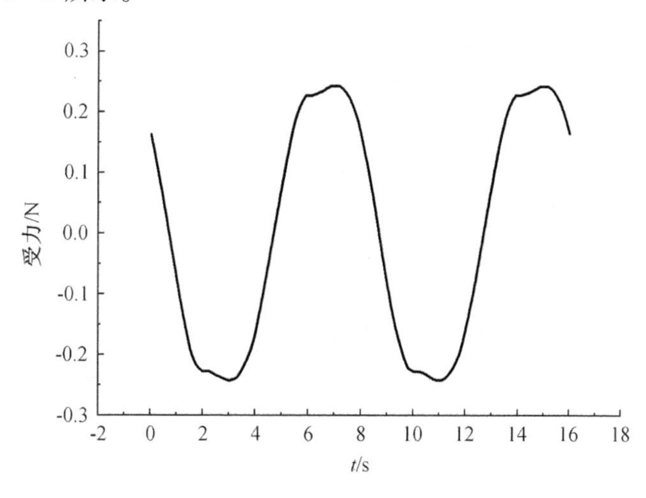

图 3－3　细长圆柱受力的测量时历

1. 惯性力系数和拖曳力系数的确定

注意到莫里森公式中,有两个系数:C_M 和 C_D。这两个系数往往需要通过试验方法才能确定,比较常见的有三种方法。

第一种方法是U型管中振荡流试验。在一个大型U型管中产生一个振荡流。一方面,除非安装昂贵的驱动系统,流动只能在有限的频率范围(安装的固有振荡频率)内振荡;另一方面,U型管的优点在于其振荡流动相对"纯净"且无湍流。

第二种方法是对静止水中的气缸施加强制振荡。从圆柱体的角度看,该流动与U型管中的相似。

第三种方法是将垂直圆柱放置在规则波中。波浪由位于实验槽一端的造波板产生,它们由另一端的消波岸吸收。在这种情况下,圆柱体位置处的水平水流速度和加速度通过线性波浪理论确定。如下:

$$u(z,t)=\frac{\omega H}{2}\cdot\frac{\cosh(k(z+h))}{\sinh(kh)}\cdot\cos(\omega t)=u_a(z)\cos(\omega t) \tag{3-22}$$

$$\dot{u}(z,t)=-\frac{\omega^2 H}{2}\cdot\frac{\cosh(k(z+h))}{\sinh(kh)}\cdot\sin(\omega t)=-\omega\cdot u_a(z)\cdot\sin(\omega t) \tag{3-23}$$

请注意,即使 $u_a(z)$ 现在是 z 的函数,如果细长圆柱的长度较短,长度范围内 $u_a(z)$ 的变化也可以忽略不计,问题可以进一步简化。

这三种方法最后都会得到细长圆柱受力的时历曲线,需要进一步对试验结果进行后处理分析。测量到的 $F(t)$ 与测量或计算的 $u(t)$ 和 $\dot{u}(t)$ 一起使用,即可通过开展数据后处理得到 C_M 和 C_D 的值。

(1)试验数据处理方法1

关于数据后处理,也存在多种不同的方式,比如最早的Morison方法。Morison采用惯性力和拖曳力相位差是90°的原理,不使用数值求解方法,直接可以计算 C_M 和 C_D 的值:

$$C_D=\frac{F}{\frac{1}{2}\rho D u(t)\left|u(t)\right|},\text{在 }\dot{u}(t)=0\text{ 的瞬间} \tag{3-24}$$

$$C_M=\frac{F}{\frac{1}{4}\pi D^2\rho\dot{u}(t)},\text{在 }u(t)=0\text{ 的瞬间} \tag{3-25}$$

但是这样的做法误差较大。在速度记录中一个小错误可能会导致显著的相位误差,以图3-3中的情况为例,这会导致数据后处理出现相当大的误差。这种处理方法中,时间记录中仅两个时刻的信息用于确定系数,并没应用其余时刻的信息。Morison通过大量测量(波周期)对系数求平均来减少误差。

(2)试验数据处理方法2

比较准确的后处理方法主要有两种:傅里叶分析方法和最小二乘法。首先介绍傅里叶分析方法。对于U型管试验中简谐振荡流下的细长圆柱受力试验,流场速度可表示为

$$u(t)=u_a\cos(\omega t) \tag{3-26}$$

那么,我们可以得到

$$F_{\text{惯性力}}=\frac{1}{4}C_M\pi D^2\rho\dot{u}(t)=-\frac{\rho}{4}C_M\pi D^2\omega u_a\sin(\omega t) \tag{3-27}$$

$$F_{拖曳力} = \frac{1}{2}\rho C_D Du(t)\,|u(t)| = \frac{1}{2}\rho C_D Du_a^2\cos(\omega t)\,|\cos(\omega t)| \tag{3-28}$$

采用傅里叶级数展开公式,则有

$$\begin{aligned} F_{拖曳力} &= \frac{1}{2}\rho C_D Du_a^2\cos(\omega t)\,|\cos(\omega t)| \\ &= \frac{1}{2}\rho C_D Du_a^2\left(\frac{8}{3\pi}\cos(\omega t) + \frac{8}{15\pi}\cos(3\omega t) - \frac{8}{105\pi}\cos(5\omega t) + \cdots\right) \end{aligned} \tag{3-29}$$

对总力 $F(t) = \frac{1}{4}C_M\pi D^2\rho\dot{u}(t) + \frac{1}{2}\rho C_D Du(t)\,|u(t)|$。进行傅里叶级数展开后,我们得到

$$F(t) = a_0 + \sum_{n=1}^{\infty}(a_n\cos(n\omega t) + b_n\sin(n\omega t)) \tag{3-30}$$

其中

$$a_0 = \frac{1}{T}\int_0^T F(t)\,\mathrm{d}t \tag{3-31}$$

$$a_n = \frac{2}{T}\int_0^T F(t)\cdot\cos(n\omega t)\,\mathrm{d}t \tag{3-32}$$

$$b_n = \frac{2}{T}\int_0^T F(t)\cdot\sin(n\omega t)\,\mathrm{d}t \tag{3-33}$$

相应的系数都可以通过计算得到,如 a_1 和 b_1。

对总力 $F(t)$ 及拖曳力 $F_{拖曳力}$ 只保留一阶项,则有

$$\begin{aligned} F(t) &= -\frac{\rho}{4}C_M\pi D^2\omega u_a\sin(\omega t) + \frac{1}{2}\rho C_D Du_a^2\,\frac{8}{3\pi}\cos(\omega t) \\ &= a_0 + a_1\cos(\omega t) + b_1\sin(\omega t) \end{aligned} \tag{3-34}$$

通过对应关系,可以得到

$$a_0 = 0, a_1 = \frac{1}{2}\rho C_D Du_a^2\,\frac{8}{3\pi}, b_1 = -\frac{\rho}{4}C_M\pi D^2\omega u_a \tag{3-35}$$

则有

$$C_D = \frac{3\pi}{4\rho Du_a^2}\cdot a_1 \tag{3-36}$$

$$C_M = \frac{-4}{\pi D^2\rho}\cdot\frac{b_1}{\omega u_a} \tag{3-37}$$

(3)试验数据处理方法3

另外一种准确的数据后处理方法是最小二乘法。这种方法通过最小化一些残差函数来完成。最小二乘法使用以下形式的残差函数:

$$R(C_D, C_M) = \int_0^T (F(t)_{\text{measured}} - F(t, C_D, C_M)_{\text{computed}})^2\,\mathrm{d}t \tag{3-38}$$

其中,T 是测量记录的时间长度,一般 T 应大于一个周期。

数值上,只需要构造两个方程,即可以对 C_M 和 C_D 的值进行求解。通过最小二乘法的原理,我们可以构造下面两个方程:

$$\frac{\partial R}{\partial C_D} = 0,\quad \frac{\partial R}{\partial C_M} = 0 \tag{3-39}$$

求解上述两个方程即可分别得到 C_M 和 C_D。

2. 影响惯性力系数和拖曳力系数取值的一些参数

下面讨论一下影响水动力系数的有关因素，这些因素包括波浪参数(H、T 等)、流动参数(ρ、ν)、圆柱体几何外形参数(D、粗糙度等)，下面以无量纲形式讨论这些参数的影响。

(1)雷诺数(Re)

振荡流情况下，雷诺数定义如下：

$$Re = \frac{u_a \cdot D}{\nu} \tag{3-40}$$

式中 u_a——流速幅度，m/s；

D——圆柱直径，m；

ν——运动黏度，m^2/s。

(2)KC(Keulegan Carpenter)数

Keulegan 和 Carpenter 开展了振荡流中各种细长圆柱的 C_M 和 C_D 的值的研究。他们发现 C_M 和 C_D 的值与无量纲的 KC 数紧密相关

$$KC = \frac{u_a T}{D} \tag{3-41}$$

式中 T——振荡流的周期，s。

在正弦波中，$u_a = \omega x_a$，x_a 是水质点的水平位移幅值。因此，KC 数也可以表示为

$$KC = 2\pi \frac{x_a}{D} \tag{3-42}$$

在深水中，水质点运动轨迹是圆，因此可以近似为

$$KC = \pi \frac{H}{D} = 2\pi \frac{A}{D} \tag{3-43}$$

这也很可能是流动中艉流形成的重要特征。

(3)Sarpkaya(萨帕卡亚，β 数)

Sarpkaya 和 Isaacson 使用 U 型管进行了许多试验以产生振荡流。他们发现 β 可以影响 C_M 和 C_D 的值：

$$\beta = \frac{D^2}{v \cdot T} \tag{3-44}$$

稍作变换，发现 β 也可以用 Re 和 KC 数表示：

$$\beta = \frac{Re}{KC} = \frac{\dfrac{u_a \cdot D}{\nu}}{\dfrac{u_a T}{D}} = \frac{D^2}{\nu T} \tag{3-45}$$

(4)无因次粗糙度

通过研究发现，圆柱粗糙度对这些系数也是有影响的。由于海洋结构在较温暖的海域很容易积累海洋生物的生长，这会对结构物水动力计算产生影响，主要影响因素如下：

①圆柱尺寸变得更大。例如一层 10 cm 厚的海洋生物会增加 0.2 m 的圆柱直径。用莫里森公式计算时，需要加以考虑。

②海洋生物带来的圆柱粗糙度会影响圆柱附近的边界层和旋涡分离，可以通过调整拖

曳力和惯性力系数值来应对该种情况。

圆柱体无因次粗糙度通常用粗糙度除以圆柱直径得到

$$\bar{\varepsilon}=\frac{\varepsilon}{D}=\frac{\text{粗糙度}}{\text{圆柱直径}} \tag{3-46}$$

(5)典型系数值

实际工程中,也存在多种方法确定 C_M 和 C_D 的值。比如 Clauss 给出了建议的 C_M 和 C_D 取值,见表 3-2。

表 3-2　Clauss 给出的建议的 C_M 和 C_D 取值

	$Re<10^5$		$Re>10^5$	
KC	C_D	C_M	C_D	C_M
<10	1.2	2.0	0.6	2.0
≥10	1.2	1.5	0.6	1.5

美国石油协会(API)推荐的 C_M 和 C_D 取值见表 3-3。

表 3-3　美国石油协会(API)推荐的 C_M 和 C_D 取值

	光滑圆柱		粗糙圆柱	
	C_D	C_M	C_D	C_M
API	0.65	1.6	1.05	1.2
SNAME	0.65	2.0	1.0	1.8

还有其他很多种 C_M 和 C_D 值的确定方法,可以参考相关文献。

3.惯性力和拖曳力占优分析

工程设计中,往往需要对某种问题的惯性力和拖曳力进行占优分析,即哪个力的成分更大,哪个力的成分是否可以忽略,这样会使问题更加简单。KC 数是个非常有用的参数。实际上,该参数可用来表示惯性力与拖曳力相对重要性之比。具体分析如下:

$$\frac{F_{\text{拖曳力}}}{F_{\text{惯性力}}}=\frac{\frac{1}{2}\rho C_D D u_a|u_a|}{\frac{\pi}{4}\rho C_M D^2\omega u_a}=\frac{2C_D|u_a|}{\pi C_M D\omega} \tag{3-47}$$

其中,$|u_a|$的最大值和 u_a 的最大值一样。

$$KC=\frac{u_a T}{D}=\frac{u_a 2\pi}{D\omega} \tag{3-48}$$

那么我们知道

$$\omega=\frac{u_a 2\pi}{D\cdot KC} \tag{3-49}$$

将式(3-49)代入式(3-47),化简得

$$\frac{F_{拖曳力}}{F_{惯性力}}=\frac{2C_{\mathrm{D}}|u_{\mathrm{a}}|}{\pi C_{\mathrm{M}}D\omega}=\frac{2C_{\mathrm{D}}|u_{\mathrm{a}}|D}{\pi C_{\mathrm{M}}Du_{\mathrm{a}}2\pi}KC=\frac{1}{\pi^2}\cdot\frac{C_{\mathrm{D}}}{C_{\mathrm{M}}}KC \tag{3-50}$$

由于$\frac{1}{\pi^2}\approx\frac{1}{10}$,而且 C_{D} 总是比 C_{M} 的一半多一点点,在 KC 为 15 ~ 20 时,两个力的峰值大致相等。

另外,由于 KC 为

$$KC=\frac{2\pi x_{\mathrm{a}}}{D} \tag{3-51}$$

在流体拖曳力和惯性力比例大致相等时,x_{a}/D 约为 3,足以产生大量的艉涡。Morison 公式包含了非线性项(拖曳力项),与惯性力差 90°的相位。除非极其必要,许多海洋工程师都倾向于避免使用完整的莫里森公式(尤其是非线性拖曳力项的计算)。因此,在工程分析中,需要评价何时可以忽略拖曳力项或惯性力项,KC 数发挥了很大的作用。惯性力和拖曳力占优分析如下:

(1)$KC<3$ 时,惯性力占主要成分,x_{a}/D 也很小,相对于圆柱的直径,流体质点无法走过足够远的路程产生边界层,更不用说产生涡了,势流理论依然适用,拖曳力项可以忽略。

(2)$3<KC<15$ 时,可以将拖曳力项进行线性化,只考虑一倍频的项,即惯性力加上线性化的拖曳力。

(3)$15<KC<45$ 时,使用完整的莫里森公式,即惯性力加上完整的非线性拖曳力。

(4)$KC>45$ 时,拖曳力占主要成分,相比于波浪频率,涡脱落的频率非常高,流动和均匀流非常相似,此时惯性力可忽略不计。实际上,KC 趋于无穷时,可将流看作定常流。

3.5 固定圆柱在不同流动中的受力分析

本节考虑在波、流、波流共存的不同环境下固定圆柱的受力,圆柱可能竖直放置、倾斜放置、沿着波浪传播方向水平放置、垂直波浪传播方向水平放置。

1. 有流无波

这里考虑没有波只有流的情况,流也是一种均匀流,流的加速度为 0,那么垂直于圆柱的流速分量为

$$U_{\mathrm{n}}=U\sin\kappa \tag{3-52}$$

式中 U——流速的大小,m/s;

U_{n}——垂直圆柱轴线的速度分量;

κ——圆柱轴线和流速矢量之间的夹角。

倾斜放置圆柱示意如图 3-4 所示。

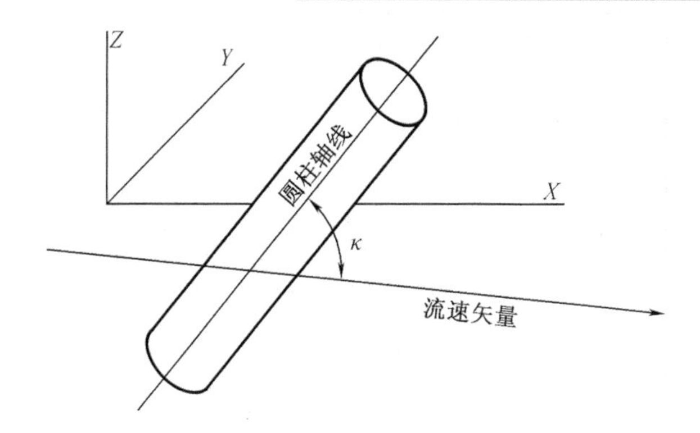

图 3-4 倾斜放置圆柱示意图

那么该圆柱的受力(单位长度的受力)可表示为

$$F=\frac{1}{2}\rho C_{\mathrm{D}}DU_{\mathrm{n}}|U_{\mathrm{n}}|=\frac{1}{2}\rho C_{\mathrm{D}}DU^{2}\sin^{2}\kappa \tag{3-53}$$

注意,这里给出的力 F 为单位长度受力,其方向与柱体轴线垂直,作用在柱体轴线和来流速度方向确定的平面内。

2. 有波无流(竖直圆柱)

这里考虑只有波浪的情况(二维规则波,从左向右传播),如果是固定的直立圆柱,那么单位长度圆柱受力为

$$F=\frac{1}{4}C_{\mathrm{M}}\pi D^{2}\rho\ \dot{u}(z,t)+\frac{1}{2}\rho C_{\mathrm{D}}Du(z,t)|u(z,t)| \tag{3-54}$$

式中 $u(z,t)$——与圆柱轴线相垂直的波浪速度分量,即水平速度。

该力的方向水平向右。

根据线性波浪理论,我们知道

$$u=u_{\mathrm{a}}\cos(kx-\omega t)$$

其中

$$u_{\mathrm{a}}=\omega A\frac{\cosh k(h+z)}{\sinh kh} \tag{3-55}$$

$$\dot{u}=\omega u_{\mathrm{a}}\sin(kx-\omega t) \tag{3-56}$$

则有

$$F_{惯性力}=\frac{\rho}{4}\pi D^{2}C_{\mathrm{M}}\ \dot{u}=\frac{\rho}{4}\pi D^{2}C_{\mathrm{M}}\omega u_{\mathrm{a}}\sin(kx-\omega t) \tag{3-57}$$

$$F_{拖曳力}=\frac{\rho}{2}C_{\mathrm{D}}Du|u|=\frac{\rho}{2}C_{\mathrm{D}}Du_{\mathrm{a}}^{2}\cos(kx-\omega t)|\cos(kx-\omega t)| \tag{3-58}$$

注意,由于是竖直圆柱,x 是不变的,u_{a} 是关于 z 的函数,随深度发生变化,因此在大多数情况下,需要将圆柱离散为多个分段,每一个小分段内认为 u_{a} 不再随 z 发生变化,可以取小分段的中点位置处的 u_{a} 值计算该分段上的受力,一定不要忘了最后乘以每个分段的长度,因为公式给的是单位长度的圆柱受力。

3. 有波无流(水平圆柱,轴向与浪向一致)

这里考虑只有波浪的情况,如果是固定的水平放置的圆柱(圆柱轴向与波浪传播方向

平行），那么单位长度圆柱受力为

$$F=\frac{1}{4}C_{\mathrm{M}}\pi D^{2}\rho\dot{w}(x,t)+\frac{1}{2}\rho C_{\mathrm{D}}Dw(x,t)\,|w(x,t)| \tag{3-59}$$

该力的方向竖直向上。

注意由于放置方向的不同，这里使用的符号是 $w(x,t)$，而不是 $u(z,t)$。其中

$$w=w_{\mathrm{a}}\sin(kx-\omega t),\quad w_{\mathrm{a}}=A\omega\frac{\sinh k(h+z)}{\sinh kh} \tag{3-60}$$

$$\dot{w}=-\omega w_{\mathrm{a}}\cos(kx-\omega t) \tag{3-61}$$

则有

$$F_{\text{惯性力}}=\frac{\rho}{4}\pi D^{2}C_{\mathrm{M}}\dot{w}=\frac{\rho}{4}\pi D^{2}C_{\mathrm{M}}(-\omega w_{\mathrm{a}})\cos(kx-\omega t) \tag{3-62}$$

$$F_{\text{拖曳力}}=\frac{\rho}{2}C_{\mathrm{D}}Dw\,|w|=\frac{\rho}{2}C_{\mathrm{D}}Dw_{\mathrm{a}}^{2}\sin(kx-\omega t)\,|\sin(kx-\omega t)| \tag{3-63}$$

注意，由于是水平圆柱，因此 z 的值不变，力是关于 x 的函数，随 x 的不同位置而发生变化。因此大多数情况下，需要将圆柱离散为多个分段，在每一个小分段内认为 F 不再随 x 发生变化，可以取小分段的中点位置计算该分段上的受力，一定不要忘了最后乘以每个分段的长度，因为公式给的是单位长度的圆柱受力。

4. 有波无流（水平圆柱，轴向与浪向垂直）

这里考虑只有波浪的情况，如果是固定的水平放置的圆柱（圆柱轴向与波浪传播方向垂直），那么单位长度圆柱受力（x、z 两个方向）为

$$\boldsymbol{F}_{\text{总}}=\frac{1}{4}C_{\mathrm{M}}\pi D^{2}\rho\dot{\boldsymbol{V}}_{\mathrm{n}}(t)+\frac{1}{2}\rho C_{\mathrm{D}}D\boldsymbol{V}_{\mathrm{n}}(t)\,|\boldsymbol{V}_{\mathrm{n}}(t)| \tag{3-64}$$

在这种情况下，垂直于轴向的速度是由水平速度和垂向速度两者共同组成的。

$$\boldsymbol{V}_{\mathrm{n}}(t)=u(t)\boldsymbol{i}+w(t)\boldsymbol{k} \tag{3-65}$$

则

$$F_{x}=\rho\frac{\pi D^{2}}{4}C_{\mathrm{M}}\dot{u}(t)+\frac{\rho}{2}C_{\mathrm{D}}D\,|\boldsymbol{V}_{\mathrm{n}}(t)|\,u(t) \tag{3-66}$$

$$F_{z}=\rho\frac{\pi D^{2}}{4}C_{\mathrm{M}}\dot{w}(t)+\frac{\rho}{2}C_{\mathrm{D}}D\,|\boldsymbol{V}_{\mathrm{n}}(t)|\,w(t) \tag{3-67}$$

这里考虑深水波情况，线性波浪理论可以给出

$$u=u_{\mathrm{a}}\cos(kx-\omega t),\quad \dot{u}=\omega u_{\mathrm{a}}\sin(kx-\omega t) \tag{3-68}$$

$$w=w_{\mathrm{a}}\sin(kx-\omega t),\ \dot{w}=-\omega w_{\mathrm{a}}\cos(kx-\omega t) \tag{3-69}$$

$$u_{\mathrm{a}}=w_{\mathrm{a}}=\omega A\mathrm{e}^{kz} \tag{3-70}$$

可以轻易计算得到

$$|\boldsymbol{V}_{\mathrm{n}}|=\sqrt{u^{2}+w^{2}}=\omega A\mathrm{e}^{kz} \tag{3-71}$$

最终得到的两个方向的力分别为

$$F_x = \rho\frac{\pi D^2}{4}C_M\dot{u} + \frac{\rho}{2}C_D D|\boldsymbol{V}_n|u$$
$$= \rho\frac{\pi D^2}{4}C_M\omega u_a\sin(kx-\omega t) + \frac{\rho}{2}C_D DA^2\omega^2 e^{2kz}\cos(kx-\omega t) \tag{3-72}$$

$$F_z = \rho\frac{\pi D^2}{4}C_M\dot{w} + \frac{\rho}{2}C_D D|\boldsymbol{V}_n|w$$
$$= -\rho\frac{\pi D^2}{4}C_M\omega w_a\cos(kx-\omega t) + \frac{\rho}{2}C_D DA^2\omega^2 e^{2kz}\sin(kx-\omega t) \tag{3-73}$$

5. 有波有流(轴向任意)

对于既有波,又有流的情况,通常的做法是将流速和波浪速度矢量叠加进行计算。通常,浪与流的方向不共线,需要进行两者之间的矢量叠加。如果流速不随时间发生变化,则惯性力项中只有波浪的贡献,即

$$\boldsymbol{F}_{总} = \rho\frac{\pi D^2}{4}C_M\boldsymbol{V}_n + \frac{\rho}{2}C_D D|(\boldsymbol{V}+\boldsymbol{U})_n|(\boldsymbol{V}+\boldsymbol{U})_n \tag{3-74}$$

需要指出的是,通过简单的线性叠加来描述波流共存场是不准确的,因为存在波流相互作用,准确的做法是采用层析水波模型进行波流相互作用的模拟,可以给出波流耦合的准确速度场,再进行细长圆柱的受力计算,最后一定不要忘记乘以细长结构物的长度,因为本章公式计算的都是单位长度细长圆柱的受力。

3.6　振荡圆柱在不同流动中的受力分析

上一节介绍了固定圆柱在不同流动中的受力分析,本节介绍振荡圆柱在不同流动中的受力分析 。

1. 静水中(竖直圆柱)

考虑一种简单情况,没有流,没有波,只是竖直圆柱在静水中沿 x 方向做简谐运动,运动位移是 X,运动速度是 $\dot{X}$ 和 $\ddot{X}$。那么单位长度竖直圆柱的 x 方向受力为

$$F_{总} = -\rho\frac{\pi D^2}{4}C_a\ddot{X} - \frac{\rho}{2}C_D D|\dot{X}|\dot{X} \tag{3-75}$$

需要注意的是,惯性力部分只有附加质量力的贡献,入射波力和扰动波浪力贡献为0。惯性力和拖曳力都是负号,表示圆柱受到的惯性力方向与圆柱运动的加速度方向相反,拖曳力方向与圆柱运动的速度方向相反。

2. 有流无波(竖直圆柱)

这里假设在第一点的基础上加入流的影响,仍然不考虑波浪。假定流速不随时间发生变化,因此流加速度为0,流对惯性力项没有贡献。但是对于拖曳力项,需要考虑流的影响。那么,竖直圆柱在流(流速为 U,正值代表流速向右,负值代表流速向左)中沿 x 方向做简谐运动,那么单位长度竖直圆柱的受力为

$$F_{总} = F_{惯性力} + F_{拖曳力} = -\rho\frac{\pi D^2}{4}C_a\ddot{X} + \frac{\rho}{2}C_D D|U-\dot{X}|(U-\dot{X}) \tag{3-76}$$

此处给出的是竖直圆柱的受力，受力方向是 x 方向。对于一般情况参考有波有流中给出的表达式。

3. 有波无流（竖直圆柱）

这里假设在第1点的基础上加入波浪的影响，但是不考虑流的影响。波浪场中，加速度和速度都随时间发生变化，因此波浪对惯性力项和拖曳力项都有贡献。考虑从左向右传播的规则波，竖直圆柱在波浪中沿 x 方向做简谐运动，那么单位长度竖直圆柱的 x 方向受力为

$$F_{总} = F_{惯性力} + F_{拖曳力} \tag{3-77}$$

其中

$$F_{惯性力} = C_M M_D \dot{V}(t) - C_a M_D \ddot{X}(t) \tag{3-78}$$

$$F_{拖曳力} = \frac{1}{2}\rho C_D D(V(t) - \dot{X}(t))\left|V(t) - \dot{X}(t)\right| \tag{3-79}$$

$$M_D = \rho\frac{\pi D^2}{4} \tag{3-80}$$

特别注意惯性力的计算，由于波浪的存在，会增加入射波力和扰动波浪力，入射波力和扰动波浪力合在一起的惯性力贡献项是 $C_M M_D \dot{V}(t)$，而运动产生的贡献是 $-C_a M_D \ddot{X}(t)$，其中 C_a 是附加质量系数。拖曳力计算时，需要考虑波浪和物体运动共同引起的速度场。

4. 有波有流

从由易到难的角度出发，前面主要介绍了水平振荡的竖直圆柱的受力。如果圆柱轴向与波浪或流速不垂直，圆柱的运动方向也是任意的，则需要用矢量的方式表达圆柱受力。单位长度圆柱的受力表达式为

$$\boldsymbol{F}_{总} = \boldsymbol{F}_{惯性力} + \boldsymbol{F}_{拖曳力} \tag{3-81}$$

其中

$$\boldsymbol{F}_{惯性力} \approx C_M M_D \dot{\boldsymbol{V}}_n(t) - C_a M_D \ddot{\boldsymbol{X}}_n(t) \tag{3-82}$$

$$\boldsymbol{F}_{拖曳力} \approx \frac{1}{2}\rho C_D D(\boldsymbol{V}(t) + \boldsymbol{U} - \dot{\boldsymbol{X}}(t))_n\left|(\boldsymbol{V}(t) + \boldsymbol{U} - \dot{\boldsymbol{X}}(t))_n\right| \tag{3-83}$$

注意，这里在式中加了下角标 n，表示的是垂直于圆柱的轴线方向的分量。工程设计中，需要编制相应的程序进行计算。读者可以使用本小节给出的一般表达式进行程序编制，也可以对照本章给出的其他受力公式加深理解。

3.7 算 例

本章介绍的主要是二维规则波下的结果，而实际海洋中大多是短峰波，即多向不规则波，对于三维多向波下的结果更为复杂；而且往往也不是一个圆柱结构，而是多个圆柱结构连接在一起，圆柱的轴向可能是倾斜的，如果存在海流，那么考虑波流准确的相互作用则更为复杂。大部分细长结构物的受力都需要通过编制程序进行计算。（对此有兴趣的学者、技术人员或学生可以联系本书作者赵彬彬。）

这里只给出几个简单的算例供读者加深对本章内容的理解。

练习 1

在静水中振荡的圆柱体惯性力成分与波浪中固定圆柱体的惯性力成分有何不同？

解

静水中振荡圆柱体只受附加质量力作用。

波浪中固定圆柱体受 $F-K$ 力和扰动波浪力作用。

练习 2

计算作用在位于水面以下 100 m 位置处的一个固定垂直钢质立管的拖曳力和惯性力幅值，其中立管长度是 5 m，立管直径是 0.75 m。垂直于立管轴线平面上受潮流作用，流速 $U=1.3$ m/s。假设海流密度 $\rho=1\ 025.9\ \mathrm{kg/m^3}$，流体惯性力系数 $C_M=1.5$，拖曳力系数 $C_D=1.2$。

解

圆柱垂直固定，有流无波，则 x 方向的受力主要是以下两种力：

$$F_{拖曳力}=\frac{1}{2}\rho C_D DU|U|\cdot L \tag{3-84}$$

$$F_{惯性力}=\frac{1}{4}C_M\pi D^2\rho\dot{U}\cdot L \tag{3-85}$$

（1）单位长度圆柱体受到的拖曳力幅值为

$$\overline{F}_{拖曳力}=\frac{1}{2}\rho C_D DU^2=0.5\times1\ 025.9\times1.2\times0.75\times1.3^2=780.2(\mathrm{N}) \tag{3-86}$$

整个圆柱体受到的拖曳力幅值为

$$F_{拖曳力}=\overline{F}_{拖曳力}\cdot L=780.2\times5=3\ 901(\mathrm{N}) \tag{3-87}$$

（2）当前圆柱体受到恒速流作用，流场加速度为零，故惯性力为零。

练习 3

计算作用在位于水面以下 100 m 处的一个固定垂直钢质立管的拖曳力和惯性力幅值。其中立管长度是 5 m，立管直径是 0.75 m。垂直于立管轴线平面上受规则波作用，波浪周期 15 s，波高 12 m，水深 150 m。假设海流密度 $\rho=1\ 025.9\ \mathrm{kg/m^3}$，流体惯性力系数 $C_M=1.5$，拖曳力系数 $C_D=1.2$，假设立管长度范围内流场水平速度均匀，用水下 100 m 处速度代替。

解

圆柱垂直固定，有波无流，x 方向受力主要是以下两种力：

$$F_{拖曳力}=\frac{1}{2}\rho C_D Du(t)|u(t)|\cdot L \tag{3-88}$$

$$F_{惯性力}=\frac{1}{4}C_M\pi D^2\rho\ \dot{u}(t)\cdot L \tag{3-89}$$

根据线性波浪理论，可知

$$u(t)=\omega A\frac{\cosh(k(z+h))}{\sinh(kh)}\cos(kx-\omega t+\varepsilon)=u_a\cos(kx-\omega t+\varepsilon) \tag{3-90}$$

$$\dot{u}(t)=\omega u_a\sin(kx-\omega t+\varepsilon)=\dot{u}_a\sin(kx-\omega t+\varepsilon) \tag{3-91}$$

式中

$$u_a = \omega A \frac{\cosh(k(z+h))}{\sinh(kh)} \tag{3-92}$$

波浪频率为

$$\omega = \frac{2\pi}{T} \approx \frac{2\times 3.14}{15} = 0.42(\text{rad/s}) \tag{3-93}$$

由色散关系 $\omega^2 = gk\tanh(kh)$，$g = 9.81\ \text{m/s}^2$，通过数值迭代得出 $k = 0.018$（此处也可以直接使用 $\omega^2 = gk$ 计算波数 k，然后分析 $\tanh(kh)$ 是否接近1）。

则圆柱位置处，$z = -100$ m，则

$$u_a = \omega A \frac{\cosh(k(z+h))}{\sinh(kh)} = 0.42\times\frac{12}{2}\times\frac{\cosh(0.018\times(150-100))}{\sinh(0.018\times 150)} \approx 0.49(\text{m/s}) \tag{3-94}$$

$$\dot{u}_a = \omega u_a = 0.42\times 0.49 \approx 0.21(\text{m/s}^2) \tag{3-95}$$

（1）单位长度圆柱体受到的拖曳力幅值为

$$\overline{F}_{拖曳力} = \frac{1}{2}\rho C_D D u_a^2 = 0.5\times 1\,025.9\times 1.2\times 0.75\times 0.49^2 \approx 110.8(\text{N}) \tag{3-96}$$

整个圆柱体受到的拖曳力幅值为

$$F_{拖曳力} = 5\overline{F}_{拖曳力} = 5\times 110.8 = 554(\text{N}) \tag{3-97}$$

（2）单位长度圆柱体受到的惯性力幅值为

$$\overline{F}_{惯性力} = \frac{1}{4}C_M \pi D^2 \rho \dot{u}_a \approx 0.25\times 1.5\times 3.14\times 0.75^2\times 1\,025.9\times 0.21 \approx 142.7(\text{N}) \tag{3-98}$$

整个圆柱体受到的惯性力幅值为

$$F_{惯性力} = 5\times\overline{F}_{惯性力} = 5\times 142.7 = 713.5(\text{N}) \tag{3-99}$$

练习4

计算作用在位于水面以下100 m位置处的一个固定垂直钢质立管的拖曳力和惯性力幅值。其中立管长度是5 m，立管直径是0.75 m。垂直于立管轴线平面上受规则波作用，波浪周期8 s，波高8 m，水深无限。假设海流密度 $\rho = 1\,025.9\ \text{kg/m}^3$，流体惯性力系数 $C_M = 1.5$，拖曳力系数 $C_D = 1.2$，立管长度范围内流场水平速度均匀，用水下100 m处的速度代替。

解

圆柱垂直固定，有波无流，x 方向受力，主要是以下两种成分：

$$F_{拖曳力} = \frac{1}{2}\rho C_D D u(t)\,|u(t)|\cdot L \tag{3-100}$$

$$F_{惯性力} = \frac{1}{4}C_M \pi D^2 \rho \dot{u}(t)\cdot L \tag{3-101}$$

根据线性波浪理论，可知

$$u(t) = \omega A e^{kz}\cos(kx-\omega t+\varepsilon) = u_a\cos(kx-\omega t+\varepsilon) \tag{3-102}$$

$$\dot{u}(t) = \omega u_a \sin(kx-\omega t+\varepsilon) = \dot{u}_a\sin(kx-\omega t+\varepsilon) \tag{3-103}$$

其中

$$u_a = \omega A e^{kz} \tag{3-104}$$

波浪频率为

$$\omega = \frac{2\pi}{T} \approx \frac{2 \times 3.14}{8} = 0.785 (\mathrm{rad/s}) \tag{3-105}$$

由色散关系 $\omega^2 = gk$，$g = 9.81\ \mathrm{m/s^2}$，得出

$$k = \frac{\omega^2}{g} \approx 0.06 \tag{3-106}$$

则圆柱位置处，即 $z = -100$ 处，有

$$u_a = \omega A e^{kz} \approx 0.785 \times \frac{8}{2} \times e^{0.06 \times (-100)} \approx 0.0078 (\mathrm{m/s}) \tag{3-107}$$

$$\dot{u}_a = \omega u_a = 0.785 \times 0.0078 \approx 0.0061 (\mathrm{m/s^2}) \tag{3-108}$$

（1）单位长度圆柱体受到的拖曳力幅值为

$$\overline{F}_{拖曳力} = \frac{1}{2}\rho C_D D u_a^2 = 0.5 \times 1025.9 \times 1.2 \times 0.75 \times 0.0078^2 \approx 0.028 (\mathrm{N}) \tag{3-109}$$

整个圆柱体受到的拖曳力幅值为

$$F_{拖曳力} = 5\overline{F}_{拖曳力} = 5 \times 0.028 = 0.14 (\mathrm{N}) \tag{3-110}$$

（2）单位长度圆柱体受到的惯性力幅值为

$$\overline{F}_{惯性力} = \frac{1}{4} C_M \pi D^2 \rho \dot{u}_a = 0.25 \times 1.5 \times 3.14 \times 0.75^2 \times 1025.9 \times 0.0061 \approx 4.14 (\mathrm{N}) \tag{3-111}$$

整个圆柱体受到的惯性力幅值为

$$F_{惯性力} = 5 \times \overline{F}_{惯性力} = 5 \times 4.14 = 20.7 (\mathrm{N}) \tag{3-112}$$

练习5

已知下列参数：某规则波高 $H = 10$ m，波浪周期 $T = 9$ s，水深无限。某Spar平台直立柱体直径为45 m，某半潜式平台立柱为10 m，某导管架式平台上直立圆柱体直径为0.5 m。已知海水密度 $\rho = 1025.9\ \mathrm{kg/m^3}$，取流体运动黏性系数 $\nu = 1.1883 \times 10^{-6}$。

试分别评估以上三个直立柱体在水面位置的雷诺数、KC 数、β 数。

解

根据线性波浪理论，

$$u(t) = \omega A e^{kz} \cos(kx - \omega t + \varepsilon) = u_a \cos(kx - \omega t + \varepsilon) \tag{3-113}$$

水面流体水平速度幅值为

$$u_a = \omega A e^{kz} = \frac{2\pi}{9} \times \frac{10}{2} \times e^{0.05 \times 0} = 3.49 (\mathrm{m/s}) \tag{3-114}$$

（1）Spar平台直立圆柱近水面处流场的雷诺数、KC 数和 β 数如下：

$$Re = \frac{u_a \cdot D}{\nu} = \frac{3.49 \times 45}{1.1883 \times 10^{-6}} \approx 1.32 \times 10^8 \tag{3-115}$$

$$KC = \frac{u_a T}{D} = \frac{3.49 \times 9}{45} \approx 0.7 \tag{3-116}$$

$$\beta=\frac{Re}{KC}=\frac{1.32\times10^{8}}{0.7}\approx1.89\times10^{8} \tag{3-117}$$

（2）半潜式平台直立圆柱近水面处流场的雷诺数、KC 数和 β 数如下：

$$Re=\frac{u_{\mathrm{a}}\cdot D}{\nu}=\frac{3.49\times10}{1.1883\times10^{-6}}\approx2.94\times10^{7} \tag{3-118}$$

$$KC=\frac{u_{\mathrm{a}}T}{D}=\frac{3.49\times9}{10}\approx3.14 \tag{3-119}$$

$$\beta=\frac{Re}{KC}=\frac{2.94\times10^{7}}{3.14}\approx9.36\times10^{6} \tag{3-120}$$

（3）导管架平台直立圆柱近水面处流场的雷诺数、KC 数和 β 数如下：

$$Re=\frac{u_{\mathrm{a}}\cdot D}{\nu}=\frac{3.49\times0.5}{1.1883\times10^{-6}}\approx1.47\times10^{6} \tag{3-121}$$

$$KC=\frac{u_{\mathrm{a}}T}{D}=\frac{3.49\times9}{0.5}\approx62.8 \tag{3-122}$$

$$\beta=\frac{Re}{KC}=\frac{1.47\times10^{6}}{62.8}\approx2.34\times10^{4} \tag{3-123}$$

练习 6

已知下列参数：某规则波高 $H=10$ m，波浪周期 $T=9$ s，水深无限。某 Spar 平台直立柱体直径为 45 m，某半潜式平台立柱为 10 m，某导管架式平台上直立圆柱体直径为 0.5 m。已知，海水密度 $\rho=1\,025.9\ \mathrm{kg/m^3}$，取流体运动黏性系数 $\nu=1.188\,3\times10^{-6}$。

根据前面评估的三个直立柱体在水面位置的雷诺数、KC 数和 β 数，试说明这三种类型的直立圆柱所受波浪力载荷、惯性力载荷与黏性力载荷的相对重要性。

解

$$\frac{F_{\text{拖曳力}}}{F_{\text{惯性力}}}=\frac{1}{\pi^2}\frac{C_{\mathrm{D}}}{C_{\mathrm{M}}}KC \tag{3-124}$$

Spar 平台 KC 数为 0.7，惯性力载荷占主要成分，黏性力载荷很小。

半潜式平台 KC 数为 3.14，需要考虑黏性力载荷，计算受力时可将拖曳力线性化考虑，总体为惯性力和线性化拖曳力。

导管架平台 KC 数为 62.8，黏性力载荷占主要成分，惯性力载荷很小，可忽略不计。

练习 7

已知下列参数：波高 $H=10$ m，波浪周期 $T=12.56$ s，水深 $h=150$ m，柱体直径 $D=3.5$ m，柱体长度 $L=7$ m，柱体位置 $Z=-20$ m。柱体方向：平行于波浪传播方向布置，假设海水密度 $\rho=1\,025.9\ \mathrm{kg/m^3}$，取流体运动黏性系数 $\nu=1.188\,3\times10^{-6}$。柱体表面相对粗糙度为 1/100，参考前面给出的 DNV 规范给出的水动力系数 C_{D}、C_{M} 的取值范围，忽略沿柱体长度方向的波浪相位差别。

问题：

（1）确定海洋表面和柱体轴线处的波浪垂向速度和加速度幅值，确定柱体所在位置的雷诺数和 KC 数，由此确定拖曳力 C_{D} 和惯性力系数 C_{M}。

(2)确定作用在圆柱体上的拖曳力和惯性力分量幅值。

(3)确定作用在圆柱体上的最大垂向力。

解

圆柱水平固定(轴线沿波速方向),有波无流,z 方向受力,有两种力的成分

$$F_{拖曳力}=\frac{1}{2}\rho C_{\mathrm{D}}Dw(t)\left|w(t)\right|\cdot L \tag{3-125}$$

$$F_{惯性力}=\frac{1}{4}C_{\mathrm{M}}\pi D^{2}\rho\,\dot{w}(t)\cdot L \tag{3-126}$$

根据线性波浪理论

$$w(t)=\omega A\frac{\sinh(k(z+h))}{\sinh(kh)}\sin(kx-\omega t+\varepsilon)=w_{\mathrm{a}}\sin(kx-\omega t+\varepsilon) \tag{3-127}$$

$$\dot{w}(t)=-\omega w_{\mathrm{a}}\cos(kx-\omega t+\varepsilon) \tag{3-128}$$

其中

$$w_{\mathrm{a}}=\omega A\frac{\sinh(k(h+z))}{\sinh(kh)} \tag{3-129}$$

波浪频率为

$$\omega=\frac{2\pi}{T}\approx\frac{2\times3.14}{12.56}=0.5(\mathrm{rad/s}) \tag{3-130}$$

由色散关系 $\omega^{2}=gk\tanh(kh)$,$g=9.81\ \mathrm{m/s^{2}}$,通过数值迭代得出 $k=0.026$(此处也可以直接使用 $\omega^{2}=gk$ 计算波数 k,然后分析 $\tanh(kh)$是否接近1)。

(1)海洋表面处的垂向速度和加速度幅值为

$$w_{\mathrm{a}}=\omega A\frac{\sinh(k(h+z))}{\sinh(kh)}=0.5\times\frac{10}{2}\times1=2.5(\mathrm{m/s}) \tag{3-131}$$

柱体轴线处的垂向速度和加速度幅值为

$$w_{\mathrm{a}}=\omega A\frac{\sinh(k(h+z))}{\sinh(kh)}=0.5\times\frac{10}{2}\times\frac{\sinh(0.026\times(150-20))}{\sinh(0.026\times150)}\approx1.49(\mathrm{m/s}) \tag{3-132}$$

柱体轴线处的雷诺数和 KC 数分别为

$$Re=\frac{w_{\mathrm{a}}\cdot D}{\nu}=\frac{1.49\times3.5}{1.1883\times10^{-6}}\approx4.39\times10^{6} \tag{3-133}$$

$$KC=\frac{w_{\mathrm{a}}T}{D}=\frac{1.49\times12.56}{3.5}\approx5.35 \tag{3-134}$$

按照 DNV 规范规定的 C_{D}、C_{M} 曲线图查表,得知

$$C_{\mathrm{M}}(KC=5.35,Roughness=1/100)=1.87 \tag{3-135}$$

$$C_{\mathrm{D}}(KC=5.35,Roughness=1/100)=1.2 \tag{3-136}$$

(2)假设柱体端点位于 $x=0$ 处(或中心点在 $x=0$),忽略柱体沿长度方向的波浪相位差。

单位长度圆柱体受到的拖曳力幅值为

$$\overline{F}_{拖曳力}=\frac{1}{2}\rho C_{\mathrm{D}}w_{\mathrm{a}}^{2}=0.5\times1\,025.9\times1.2\times3.5\times1.49^{2}\approx4\,783.0(\mathrm{N}) \tag{3-137}$$

整个圆柱体受到的拖曳力幅值为

$$F_{拖曳力} = 7\overline{F}_{拖曳力} = 7 \times 4\,783.0 \approx 33.5(\mathrm{kN}) \tag{3-138}$$

单位长度圆柱体受到的惯性力幅值为

$$\overline{F}_{惯性力} = \frac{1}{4}C_{\mathrm{M}}\pi D^2 \rho\omega w_{\mathrm{a}} = 0.25 \times 1.87 \times 3.14 \times 3.5^2 \times 1\,025.9 \times 0.75 \approx 13\,836.1(\mathrm{N}) \tag{3-139}$$

整个圆柱体受到的惯性力幅值为

$$F_{惯性力} = 7 \times \overline{F}_{惯性力} = 7 \times 13\,836.1 \approx 96.9(\mathrm{kN}) \tag{3-140}$$

(3)作用在圆柱体上的垂向水动力可表示为

$$F_z = F_{惯性力} + F_{拖曳力} = \frac{1}{4}C_{\mathrm{M}}\pi D^2\rho\dot{w}(t) \cdot L + \frac{1}{2}\rho C_{\mathrm{D}} D w(t)\,|w(t)| \cdot L \tag{3-141}$$

柱体端点位于 $x=0$ 处,且忽略柱体沿长度方向的波浪相位差,则有

$$\begin{aligned} F_z &= L\left(\frac{1}{4}C_{\mathrm{M}}\pi D^2\rho(-\omega w_{\mathrm{a}})\cos(wt) - \frac{1}{2}\rho C_{\mathrm{D}} D w_{\mathrm{a}}^2 \sin(\omega t)\,|\sin(\omega t)|\right) \\ &= (-96.9\cos(wt) - 33.5\sin(\omega t)\,|\sin(\omega t)|) \quad (\mathrm{kN}) \end{aligned} \tag{3-142}$$

垂向力最大值时应该有$\frac{\mathrm{d}F}{\mathrm{d}t}=0$,此时 $\sin(\omega t)=0$,垂向力最大值为 96.9 kN,方向向下。

练习 8

考虑一水平圆柱体安装于某拖曳水池,柱体可以受迫进行各种形式的运动。柱体直径为 D,单位长度质量为 M kg/m,水池水密度为 ρ,圆柱体分段位于水面以下足够深度而不会出水。假设柱体足够长,忽略端部效应,同时忽略水池侧壁和水底对柱体绕流的影响。按照 Morison 公式估算柱体水动力载荷。假设柱体 x 轴沿水池长度方向,y 轴水平,z 轴铅垂向上,作用在柱体的水动力具有 x 和 z 项分量。采用公式描述柱体分段受到的拖曳力和惯性水动力。

问题(1) 柱体静止,水以匀速 U 沿水池 x 轴运动,分析单位长度圆柱体分段受到的拖曳力。

问题(2)a 柱体沿 x 轴方向水平正弦振荡,水静止,柱体运动幅值为 W,周期为 T,确定当柱体水平速度为零、水平速度最大时单位长度柱体的流体作用力。

问题(2)b 柱体沿 x 轴方向水平正弦振荡,水以匀速 U 沿水池 x 轴运动,柱体运动幅值为 W,周期为 T,确定当柱体水平速度为零、水平速度最大时单位长度柱体的流体作用力。

问题(3) 假设平面行进规则波沿 x 轴正向传播,位于柱体分段轴线处波浪粒子做水平和垂向运动,按深水线性波理论,假设波浪粒子在两个方向上振荡幅值为 W,振荡周期为 T,假设柱体静止,确定当水平速度为零、水平速度最大时的柱体受力。

问题(4) 假设水静止,圆柱体分段在 $x-z$ 平面上沿顺时针圆周运动,运动半径为 W,柱体每隔 T s 通过圆周轨迹的最高点。写出单位长度圆柱体的受力表达式。

解

(1)圆柱水平固定(轴线垂直流速方向),有流无波

单位长度拖曳力

$$\boldsymbol{F}_{\text{拖曳力}}=\frac{1}{2}\rho C_{\mathrm{D}}D\boldsymbol{U}|\boldsymbol{U}|=\frac{1}{2}\rho C_{\mathrm{D}}DU^{2}\boldsymbol{i}\tag{3-143}$$

(2)圆柱水平振荡(轴线垂直流速方向),有流(均匀流)无波

圆柱单位长度受力

$$\boldsymbol{F}=-\rho\frac{\pi D^{2}}{4}C_{\mathrm{a}}\ddot{\boldsymbol{X}}_{\mathrm{n}}+\frac{\rho}{2}C_{\mathrm{D}}D|(\boldsymbol{U}-\dot{\boldsymbol{X}})_{\mathrm{n}}|(\boldsymbol{U}-\dot{\boldsymbol{X}})_{\mathrm{n}}\tag{3-144}$$

$$X(t)=W\sin\left(\frac{2\pi}{T}t\right)\tag{3-145}$$

$$\dot{X}(t)=\frac{2\pi}{T}W\cos\left(\frac{2\pi}{T}t\right)\tag{3-146}$$

$$\ddot{X}(t)=-\frac{4\pi^{2}}{T^{2}}W\sin\left(\frac{2\pi}{T}t\right)\tag{3-147}$$

①静水中的振荡圆柱

此时,$U=0$,则

$$\boldsymbol{F}=\left(\rho\frac{\pi^{3}D^{2}}{T^{2}}C_{\mathrm{a}}W\sin\left(\frac{2\pi}{T}t\right)-\rho\frac{2\pi^{2}}{T^{2}}C_{\mathrm{D}}DW^{2}\cos\left(\frac{2\pi}{T}t\right)\left|\cos\left(\frac{2\pi}{T}t\right)\right|\right)\boldsymbol{i}\tag{3-148}$$

水平速度为0时,$\cos\left(\frac{2\pi}{T}t\right)=0$,$\left|\sin\left(\frac{2\pi}{T}t\right)\right|=1$,则有

$$\boldsymbol{F}=\left(\pm\rho\frac{\pi^{3}D^{2}}{T^{2}}C_{\mathrm{a}}W\right)\boldsymbol{i}\tag{3-149}$$

水平速度最大时,$\left|\cos\left(\frac{2\pi}{T}t\right)\right|=1$,$\sin\left(\frac{2\pi}{T}t\right)=0$,则有

$$\boldsymbol{F}=\left(\pm\rho\frac{2\pi^{2}}{T^{2}}C_{\mathrm{D}}DW^{2}\right)\boldsymbol{i}\tag{3-150}$$

②圆柱水平振荡(轴线垂直流速方向),有流无波

$$\begin{aligned}\boldsymbol{F}&=\left(-\rho\frac{\pi D^{2}}{4}C_{\mathrm{a}}\ddot{X}_{\mathrm{n}}+\frac{\rho}{2}C_{\mathrm{D}}D|(\boldsymbol{U}-\dot{\boldsymbol{X}})_{\mathrm{n}}|(\boldsymbol{U}-\dot{\boldsymbol{X}})_{\mathrm{n}}\right)\boldsymbol{i}\\&=\left(\rho\frac{\pi^{3}D^{2}}{T^{2}}C_{\mathrm{a}}W\sin\left(\frac{2\pi}{T}t\right)+\frac{\rho}{2}C_{\mathrm{D}}D\left|U-\frac{2\pi}{T}W\cos\left(\frac{2\pi}{T}t\right)\right|\left(U-\frac{2\pi}{T}W\cos\left(\frac{2\pi}{T}t\right)\right)\right)\boldsymbol{i}\end{aligned}\tag{3-151}$$

水平速度为0时,$\cos\left(\frac{2\pi}{T}t\right)=0$,$\left|\sin\left(\frac{2\pi}{T}t\right)\right|=1$,则有

$$\boldsymbol{F}=\left(\pm\rho\frac{\pi^{3}D^{2}}{T^{2}}C_{\mathrm{a}}W+\frac{\rho}{2}C_{\mathrm{D}}DU^{2}\right)\boldsymbol{i}\tag{3-152}$$

水平速度最大时,$\left|\cos\left(\frac{2\pi}{T}t\right)\right|=1$,$\sin\left(\frac{2\pi}{T}t\right)=0$,则有

$$\boldsymbol{F}=\left(\frac{\rho}{2}C_{\mathrm{D}}D\left|U\pm\frac{2\pi}{T}W\right|\left(U\pm\frac{2\pi}{T}W\right)\right)\boldsymbol{i}\tag{3-153}$$

(3)圆柱水平固定(轴线垂直流速方向),有波无流

圆柱单位长度受力

$$\boldsymbol{F}=\frac{1}{4}C_{\mathrm{M}}\pi D^{2}\rho\dot{\boldsymbol{V}}_{\mathrm{n}}(t)+\frac{1}{2}\rho C_{\mathrm{D}}D\boldsymbol{V}_{\mathrm{n}}(t)|\boldsymbol{V}_{\mathrm{n}}(t)|\tag{3-154}$$

其中

$$\boldsymbol{V}_{\mathrm{n}}(t)=u(t)\boldsymbol{i}+w(t)\boldsymbol{k} \tag{3-155}$$

柱体在水下足够深度,则圆柱位置处

$$u(t)=\omega A\cos(kx-\omega t+\varepsilon)=u_{\mathrm{a}}\cos(kx-\omega t+\varepsilon) \tag{3-156}$$

$$\dot{u}(t)=\omega u_{\mathrm{a}}\sin(kx-\omega t+\varepsilon)=\dot{u}_{\mathrm{a}}\sin(kx-\omega t+\varepsilon) \tag{3-157}$$

$$\dot{w}(t)=-\omega w_{\mathrm{a}}\cos(kx-\omega t+\varepsilon)=-\dot{w}_{\mathrm{a}}\cos(kx-\omega t+\varepsilon) \tag{3-158}$$

$$w(t)=\omega A\sin(kx-\omega t+\varepsilon)=w_{\mathrm{a}}\sin(kx-\omega t+\varepsilon) \tag{3-159}$$

$$|\boldsymbol{V}_{\mathrm{n}}(t)|=\omega A \tag{3-160}$$

其中,$A=W,\omega=\dfrac{2\pi}{T}$。

水平速度为0时,$\cos(kx-\omega t+\varepsilon)=0$,$|\sin(kx-\omega t+\varepsilon)|=1$,则有

$$\boldsymbol{F}=\left(\pm\rho\frac{\pi^3D^2}{T^2}C_{\mathrm{M}}W\right)\boldsymbol{i}+\left(\pm\rho\frac{2\pi^2}{T^2}C_{\mathrm{D}}DW^2\right)\boldsymbol{k} \tag{3-161}$$

水平速度最大时,$|\cos(kx-\omega t+\varepsilon)|=1$,$\sin(kx-\omega t+\varepsilon)=0$,则有

$$\boldsymbol{F}=\left(\pm\rho\frac{2\pi^2}{T^2}C_{\mathrm{D}}DW^2\right)\boldsymbol{i}-\left(\pm\rho\frac{\pi^3D^2}{T^2}C_{\mathrm{M}}W\right)\boldsymbol{k} \tag{3-162}$$

(4)静水中的振荡圆柱

圆柱单位长度受力

$$\boldsymbol{F}=-\rho\frac{\pi D^2}{4}C_{\mathrm{a}}\ddot{\boldsymbol{X}}_{\mathrm{n}}-\frac{\rho}{2}C_{\mathrm{D}}D|\dot{\boldsymbol{X}}_{\mathrm{n}}|\dot{\boldsymbol{X}}_{\mathrm{n}} \tag{3-163}$$

$$\boldsymbol{X}(t)=W\sin\left(\frac{2\pi}{T}t+\theta\right)\boldsymbol{i}+W\cos\left(\frac{2\pi}{T}t+\theta\right)\boldsymbol{k} \tag{3-164}$$

则

$$\begin{aligned}\boldsymbol{F}=&\left(\rho\frac{\pi^3D^2}{T^2}C_{\mathrm{a}}W\sin\left(\frac{2\pi}{T}t+\theta\right)-\rho\frac{2\pi^2}{T^2}C_{\mathrm{D}}DW^2\cos\left(\frac{2\pi}{T}t+\theta\right)\right)\boldsymbol{i}+\\&\left(\rho\frac{\pi^3D^2}{T^2}C_{\mathrm{a}}W\cos\left(\frac{2\pi}{T}t+\theta\right)+\rho\frac{2\pi^2}{T^2}C_{\mathrm{D}}DW^2\sin\left(\frac{2\pi}{T}t+\theta\right)\right)\boldsymbol{k}\end{aligned} \tag{3-165}$$

练习9

按照Morison公式计算作用在位于水面以下100 m位置处的一个固定垂直钢质立管的拖曳力和惯性力。其中立管长度是5 m,立管直径是0.75 m。垂直于立管轴线平面上受规则波和海流的共同作用,两者方向相同。其中波浪周期15 s,波高12 m,水深150 m,海流速度为1.3 m/s。假设海水密度$\rho=1\ 025.9\ \mathrm{kg/m^3}$,流体惯性力系数$C_{\mathrm{M}}=1.5$,拖曳力系数$C_{\mathrm{D}}=1.2$,假设立管长度范围内流场水平速度均匀,用水下100 m处速度代替。

问题:参考练习7,采用计算拖曳力的相对速度公式计算在波浪水平速度为正向最大值和0时作用在立管上的水动力。

提示:在波浪速度为0时认为此时的水平加速度达到最大值。

解

圆柱垂直固定,有波有流(均匀流),x方向受力,主要受以下两种成分的力

$$F_{惯性力} = \frac{1}{4} C_M \pi D^2 \rho \dot{u}(t) \cdot L \tag{3-166}$$

$$F_{拖曳力} = \frac{1}{2} \rho C_D D (u(t) + U) |u(t) + U| \cdot L \tag{3-167}$$

式中

$$u(t) = \omega A \frac{\cosh(k(z+h))}{\sinh(kh)} \cos(kx - \omega t + \varepsilon) = u_a \cos(kx - \omega t + \varepsilon) \tag{3-168}$$

$$\dot{u}(t) = \omega u_a \sin(kx - \omega t + \varepsilon) = \dot{u}_a \sin(kx - \omega t + \varepsilon) \tag{3-169}$$

波浪频率为

$$\omega = \frac{2\pi}{T} \approx \frac{2 \times 3.14}{15} = 0.42(\mathrm{rad/s}) \tag{3-170}$$

由色散关系 $\omega^2 = gk\tanh(kh)$，$g = 9.81\ \mathrm{m/s^2}$，通过数值迭代得出 $k = 0.018$。

则圆柱位置处

$$u_a = \omega A \frac{\cosh(k(z+h))}{\sinh(kh)} = 0.42 \times \frac{12}{2} \times \frac{\cosh(0.018 \times (150 - 100))}{\sinh(0.018 \times 150)} \approx 0.49(\mathrm{m/s}) \tag{3-171}$$

$$\dot{u}_a = \omega u_a = 0.42 \times 0.49 \approx 0.21(\mathrm{m/s^2}) \tag{3-172}$$

已知 $U = 1.3\ \mathrm{m/s}$，与波浪传播方向相同，都是水平向右，则

$$F_{惯性力} = 713.5\sin(kx - \omega t + \varepsilon) \tag{3-173}$$

$$F_{拖曳力} = 2\,308.3 \times |0.49\cos(kx - \omega t + \varepsilon) + 1.3| (0.49\cos(kx - \omega t + \varepsilon) + 1.3) \tag{3-174}$$

水平速度为0时，$\cos(kx - \omega t + \varepsilon) = 0$，$|\sin(kx - \omega t + \varepsilon)| = 1$，则有

$$F_{惯性力} = \pm 713.5(\mathrm{N}) \tag{3-175}$$

$$F_{拖曳力} = 3\,901.0(\mathrm{N}) \tag{3-176}$$

水平速度为正向最大时，$\cos(kx - \omega t + \varepsilon) = 1$，$\sin(kx - \omega t + \varepsilon) = 0$，则有

$$F_{惯性力} = 0 \tag{3-177}$$

$$F_{拖曳力} = 7\,396.0(\mathrm{N}) \tag{3-178}$$

第4章　单自由度刚体动力学基础

对于各种海洋浮式平台结构，在风、浪和海流环境中发生的动力响应不仅取决于外界环境激励，而且与系统本身的动力学特性（质量力、恢复力、阻尼力）密切相关。为更好地理解浮体在波浪等动态激励下的响应，本章以单自由度系统振动基础为出发点，讲述结构振动的基本运动响应特征。

考虑一个受弹性约束的质量块，质量为 m，只能在竖直方向运动，其所受重力为 W。受到质量块重力作用，弹簧拉伸，产生反力。假设弹簧刚度系数为 k，弹簧产生拉力与刚体位移成正比：$F_r = kx$。假设弹簧本身质量忽略不计。不考虑滚轮摩擦力，在质量块静平衡位置弹簧有初始伸长 $x_0 = W/k$。

定义总体坐标系的原点位于重块受弹簧拉伸后的静力平衡位置，相对于平衡位置重块的位移用变量 x 表示。

质量块受到时变外力 $F(t)$ 作用，以质量块为研究对象建立外力作用下质量块运动方程，在竖直方向应用动量守恒，得到如下运动方程：

$$m\ddot{x} + kx = F(t) \tag{4-1}$$

式(4-1)中，x 表示重块在外力 $F(t)$ 作用下相对于静力平衡位置的位移。要解出以上方程，需给定初始条件 $X(0)$ 和 $\dot{X}$，以及 $F(t)$。为求解问题方便，可在以重块在弹簧作用下静力平衡位置为坐标原点分析质量弹簧块在外力 $F(t)$ 作用下的动响应。

4.1　线性单自由度系统（SDOF）的无阻尼自由振动

假设 $t<0$ 时，系统受恒力 F_0 的作用，$t=0$ 时突然将该力撤去。

初始条件变为

$$\left.\begin{aligned} x(0) &= F_0/k \\ \dot{x}(0) &= 0 \end{aligned}\right\} \tag{4-2}$$

$t>0$ 时，运动方程表示为如下形式：

$$m\ddot{x} + kx = 0 \tag{4-3}$$

下面求解无阻尼自由振动方程(4-3)。设二阶线性齐次常微分方程解形式如下：

$$x(t) = \mathrm{e}^{st}$$

将其代入运动方程可得

$$(ms^2 + k)\mathrm{e}^{st} = 0 \tag{4-4}$$

由于 $\mathrm{e}^{st} \neq 0$，则特征方程为 $ms^2 + k = 0$，其根为 $s_1 = i\omega_n$，$s_2 = -i\omega_n$，其中 $i = \sqrt{-1}$，$\omega_n = \sqrt{\dfrac{k}{m}}$。

那么式(4－4)的通解为 $x(t)=A\cos(\omega_n t)+B\sin(\omega_n t)$。

将此通解对时间求导,有 $\dot{x}(t)=-A\omega_n\sin(\omega_n t)+B\omega_n\cos(\omega_n t)$。

应用 $t=0$ 时的初始条件:

$$x(0)=A=F_0/k$$

$$\dot{x}(0)=B\omega_n=0 \text{ 或 } \phi$$

所以,$t>0$ 时的运动方程为

$$x(t)=\frac{F_0}{k}\cos\omega_n t=x(0)\cos(\omega_n t) \tag{4-5}$$

如图4－1所示为无阻尼自由运动响应示意图,$t>0$ 时物体做简谐运动,其振动周期 T_n 或振动频率 ω_n 由SDOF系统的质量及刚度决定。不管初始位移及速度如何,物体将做频率为 ω_n 的振荡。

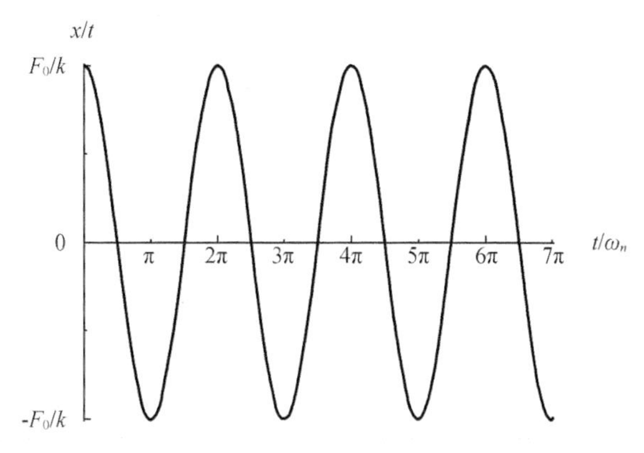

图4－1　无阻尼自由运动响应示意图

我们作如下定义:

ϕ——振动的固有圆频率,rad/s;

f_n——振动的固有周期频率,$f_n=\dfrac{1}{T_n}=\dfrac{\omega_n}{2\pi}$,Hz 或 rad/s。

注意:

刚度增大(其他量保持不变)则固有频率增大;

质量增大(其他量保持不变)则固有频率减小。

4.2　无阻尼线性单自由度系统的简谐激励响应

设 $t<0$ 时,$F(t)=0$;$t\geqslant0$ 时,重块受一正弦外力作用,$F(t)=F_0\sin(\omega t)$,当 $t>0$ 时,用位移增量方程描述重块运动方程,为

$$m\ddot{x}+kx=F_0\sin(\omega t) \tag{4-6}$$

假设初始条件为

$$\left.\begin{aligned} x(0)&=0 \\ \dot{x}(0)&=0 \end{aligned}\right\} \tag{4-7}$$

式(4-6)为一非齐次二阶常微分方程，设其解由通解 X_C 和特解 X_P 两部分组成，其通解满足自由振动方程 $m\ddot{x}+kx=0$ 的解

$$X_C(t)=A\cos(\omega_n t)+B\sin(\omega_n t) \tag{4-8}$$

特解为满足非齐次方程 $m\ddot{x}+kx=F_0\sin\,\omega t$ 的解，设特解 X_P 的形式为 $X_P=X_a\sin(\omega t)$，代入式(4-8)后得

$$X_a=\frac{F_0}{k-m\omega^2}=\frac{F_0}{k\left(1-\left(\dfrac{\omega}{\omega_n}\right)^2\right)} \tag{4-9}$$

故有

$$X_P=\frac{F_0}{k}\left(\frac{\sin(\omega t)}{1-\left(\dfrac{\omega}{\omega_n}\right)^2}\right) \tag{4-10}$$

$$(\omega\neq\omega_n)$$

故方程的解为

$$x(t)=X_C+X_P$$

$$x(t)=A\cos(\omega_n t)+B\sin(\omega_n t)+\frac{F_0}{k}\left(\frac{\sin(\omega t)}{1-\left(\dfrac{\omega}{\omega_n}\right)^2}\right) \tag{4-11}$$

代入初始条件确定常数 A 和 B，有

$$x(0)=A=0$$

$$B=-\frac{F_0}{k}\frac{\dfrac{\omega}{\omega_n}}{1-\left(\dfrac{\omega}{\omega_n}\right)^2}$$

所以在给定初始条件下重块受迫运动解为

$$x(t)=-\frac{F_0}{k}\frac{\dfrac{\omega}{\omega_n}}{1-\left(\dfrac{\omega}{\omega_n}\right)^2}\sin(\omega_n t)+\frac{F_0}{k}\left(\frac{\sin(\omega t)}{1-\left(\dfrac{\omega}{\omega_n}\right)^2}\right) \tag{4-12}$$

式(4-12)中，第一部分解由初始条件引起，以系统固有频率 ω_n 振动，表示瞬态运动响应；第二部分与扰动频率 ω 有关，表示简谐受迫激励下的稳态运动响应。稳态响应与扰动频率 ω 振动有关，可定义受迫振动周期为 $T=\dfrac{2\pi}{\omega}$。

下面考察稳态受迫响应：

$$x(t)=\frac{F_0}{k}\left(\frac{\sin(\omega t)}{1-\left(\dfrac{\omega}{\omega_n}\right)^2}\right)=\frac{F_0/k}{\left|1-\left(\dfrac{\omega}{\omega_n}\right)^2\right|}\sin(\omega t-\phi) \tag{4-13}$$

式中

$$\phi=\begin{cases}0^\circ, & \omega<\omega_n\\180^\circ, & \omega>\omega_n\end{cases}$$

$\dfrac{\omega}{\omega_n}<1$ 时,位移和激励力同相位($\phi=0^\circ$);

$\dfrac{\omega}{\omega_n}>1$ 时,位移和激励力反相位($\phi=180^\circ$)。

定义频响函数为

$$H(\omega)=\frac{1}{1-\left(\dfrac{\omega}{\omega_n}\right)^2} \tag{4-14}$$

则可得

$$X_{\text{steady}}(t)=\frac{F_0}{k}H(\omega)\sin(\omega t) \tag{4-15}$$

如图4-2所示为无阻尼简谐激励稳态响应的幅值频响函数图像,由图可知:

(1)当 $\omega\ll\omega_n$,$H(\omega)\approx1$,外载荷变化缓慢,稳态响应振幅只稍大于静态响应 F_0/k;

(2)当$\dfrac{\omega}{\omega_n}\to\infty$,$|H(\omega)|\to0$,外载荷迅速变化时,稳态响应振幅很小;

(3)当$\dfrac{\omega}{\omega_n}\to1$,$|H(\omega)|\to\infty$。

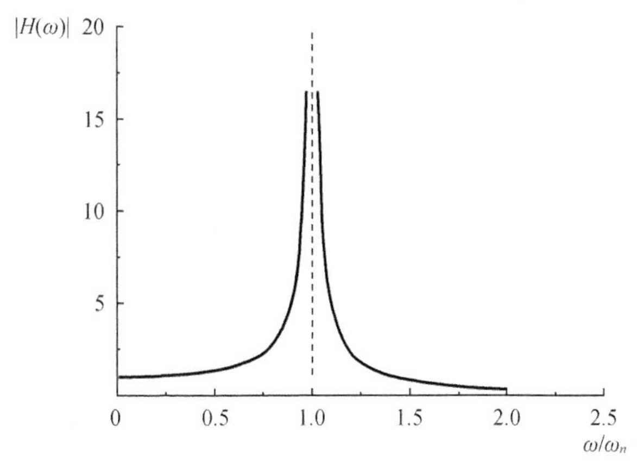

图4-2　无阻尼简谐激励稳态响应的幅值频响函数图像

定义共振频率为使$|H(\omega)|$最大的激励频率。对于无阻尼系统,共振频率就是 ω_n。

下面来看共振频率时的响应。如果 $\omega=\omega_n$,则瞬态振动响应

$$x(t)=-\frac{F_0}{k}\frac{\dfrac{\omega}{\omega_n}}{1-\left(\dfrac{\omega}{\omega_n}\right)^2}\sin(\omega_n t) \tag{4-16}$$

不再适用。这种情况下,特解函数选取为 $C\sin(\omega t)$的形式不再适用,因为该函数同样也是通解的一部分。

当 $\omega=\omega_n$ 时,特解形式为

$$X_{\mathrm{P}}(t)=Ct\cos(\omega_n t) \tag{4-17}$$

将其代入运动方程可得

$$C=-\frac{F_0}{2k}\omega_n \tag{4-18}$$

则通解为

$$x=A\cos(\omega_n t)+B\sin(\omega_n t)-\frac{F_0}{2k}\omega_n t\cos(\omega_n t) \tag{4-19}$$

用初始条件式(4-7),可求得 A、B,则

$$x(t)=\frac{F_0}{2k}(\sin(\omega_n t)-\omega_n t\cos(\omega_n t)) \tag{4-20}$$

如图 4-3 所示为单自由度无阻尼简谐激励共振响应图像,在每一个周期内,共振响应振幅都会增加$\frac{\pi F_0}{k}$。

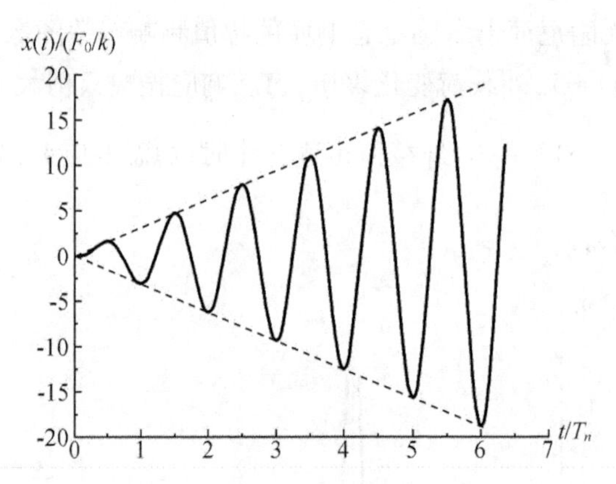

图 4-3　单自由度无阻尼简谐激励共振响应图像

问题

如图 4-4 所示球形浮体为一平均半径是 R 的薄钢壳。当它处在静平衡位置时恰好有一半露出水面,重心位于水面以下 h 处,且 $h>3R/8$。浮心位于水面以下 $3R/8$ 处。关于重心的质量惯性矩记为 I。求浮体以小角度 θ 做横摇运动的动力模型,忽略水的摩擦阻力。并由此方程求出浮体横摇固有频率的表达式。如果 $R=1$ m,$h=0.5$ m,振动固有周期为 2 s,计算 I。

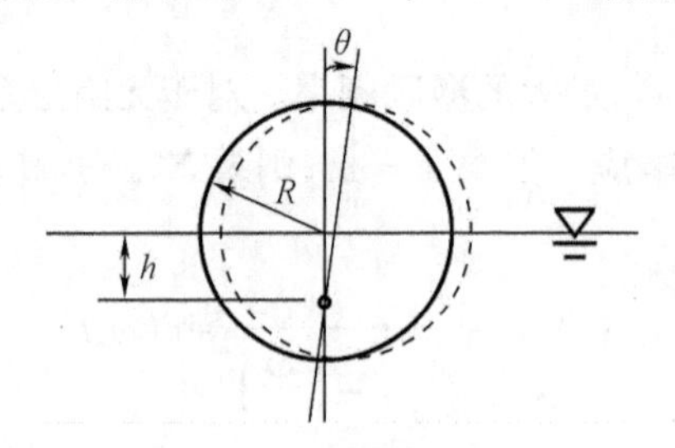

图 4-4　球形浮体

解

浮体静止时,其所受重力 W 等于浮力 F_B,则

$$F_B = \rho g \forall = \rho g\left(\frac{2}{3}\pi R^3\right)$$

式中　ρ——水密度,$\rho = 1\ 025\ \mathrm{kg/m^3}$(假设浮体漂浮在海水中)。

对于当前水下浸没半球体,假设其横摇时横摇轴过重心。考虑浮体在一随时间变化的力矩 $M(t)$ 的作用下做横摇运动。在任一瞬时时刻,该自由体受力示意图如图 4 -5 所示。

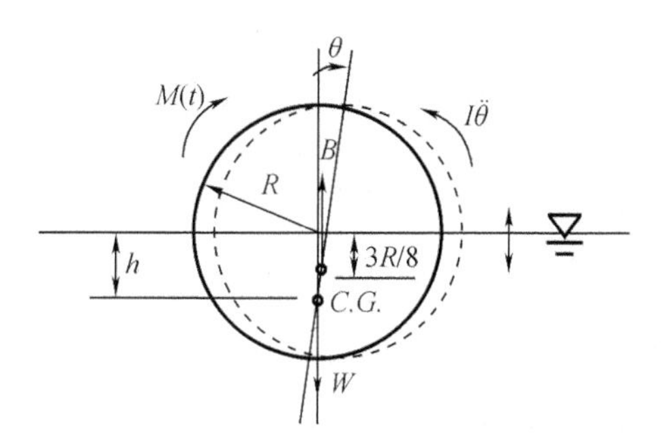

图 4 -5　自由体受力示意图

关于重心取矩,对于小角度 θ 可得平衡方程:

$$I\ddot{\theta} + \rho g \forall (\overline{BM} + h - 3R/8)\theta = M(t)$$

式中　$\overline{BM}$——薄壳圆柱体的横稳心半径,按静力学公式,$\overline{BM} = \dfrac{I_{WA}}{V}$;

　其中,I_{WA} 为薄壳圆球体水线面相对于漂心横摇惯性矩,计算公式为

$$I_{WA} = \iint\limits_{WA} x^2 \mathrm{d}x\mathrm{d}y = \int_0^R\int_0^{2\pi} r^3\cos^2\theta \mathrm{d}r\mathrm{d}\theta = \frac{\pi R^4}{4}$$

故有

$$\overline{BM} = \frac{I_{WA}}{V} = \frac{\pi R^4}{4}\Big/\frac{2}{3}\pi R^3 = \frac{3}{8}R$$

故运动方程的最终形式为

$$I\ddot{\theta} + \rho g \forall h\theta = M(t)$$

这个方程形式和无阻尼线性单自由度系统相同,故比较可知,横摇固有频率为

$$\omega_n = \frac{2\pi}{T_n} = \sqrt{\frac{\rho g \forall h}{I}}$$

由此可得

$$I = \left(\frac{T_n}{2\pi}\right)^2 \rho g \forall h = \left(\frac{T_n}{2\pi}\right)^2 \rho g\left(\frac{2}{3}\pi R^3\right)h$$

代入各变量值:

$$I = \left(\frac{2}{2\pi}\right)^2 \times 1\ 025 \times 9.81 \times \frac{2}{3}\pi \times 1^3 \times 0.5 \approx 1\ 066(\mathrm{N \cdot m \cdot s^2})$$

4.3 线性单自由度系统(SDOF)在黏性阻尼作用下的自由振动

当船舶与海洋浮体结构运动时,会受到各种阻尼作用产生能量耗散。阻尼产生来源包括流体的黏性摩擦、流动分离产生的压差力、波浪辐射等,也可产生于结构变形过程中的热能损耗等,阻尼力通常与结构运动相关,两者可能是以线性关系为主,也可能是以非线性关系为主,这通常取决于所受阻尼的物理成因。

在分析浮体运动过程中,常将物体所受阻尼和物体运动速度间存在线性关系的比例系数称为等效线性化的阻尼系数。假设黏性阻尼力为 $F_D = -b\dot{x}$,则运动方程为

$$m\ddot{x} + b\dot{x} + kx = 0 \tag{4-21}$$

式(4-21)两边同时除以 $\dot{X}(0)$,有

$$\ddot{x} + 2\zeta\omega_n\dot{x} + \omega_n^2 x = 0 \tag{4-22}$$

其中,$\omega_n = \sqrt{k/m}$。$\zeta = \dfrac{b}{2m\omega_n} = \dfrac{b}{b_r}$为阻尼比,其中的 b 为阻尼系数,表示一个振荡周期内能量的耗散程度;b_r 为临界阻尼系数,表示抑制振荡的最小阻尼值,是维持物体自由衰减振荡形式和非振荡衰减形式的分界值,$b_r = 2m\omega_n = 2\sqrt{km} = 2k/\omega_n$;$\zeta$ 为阻尼比,表示系统实际阻尼系数与临界阻尼系数之比,能够较好地反映物体振荡运动阻尼的相对水平。

$m\ddot{x} + b\dot{x} + kx = 0$ 的通解具有形式 $x = e^{st}$,将其代入式(4-22),有

$$(s^2 + 2\zeta\omega_n s + \omega_n^2)e^{st} = 0 \tag{4-23}$$

特征方程 $s^2 + 2\zeta\omega_n s + \omega_n^2 = 0$ 有两个根,即

$$s_1 = \omega_n(-\zeta + i\sqrt{1-\zeta^2}),\ s_2 = \omega_n(-\zeta - i\sqrt{1-\zeta^2}) \tag{4-24}$$

采用与无阻尼振动响应类似的方法,我们可将通解写成如下形式:

$$X(t) = e^{-\zeta\omega_n t}(A\cos(\omega_D t) + B\sin(\omega_D t)) \tag{4-25}$$

根据初始条件,可定出 A 和 B:

$$A = x(0),\ B = \frac{\dot{x}(0) + \zeta\omega_n x(0)}{\omega_D}$$

式中 ω_D——有阻尼振动的固有频率,$\omega_D = \omega_n\sqrt{1-\zeta^2}$。

可以看出,阻尼的存在使系统的固有频率从 ω_n 减小到 ω_D(或者说将固有周期从 T_n 增大到 T_D)。对于阻尼比 ζ 小于 20% 的情况,该影响可以忽略。注意,对于临界阻尼系统($\zeta = 1$),$\omega_D = 0$,$T_D = \infty$。

对于 $\zeta < 1$ 的系统,位移响应为

$$x(t) = e^{-\zeta\omega_n t}\left(x(0)\cos(\omega_D t) + \left(\frac{\dot{x}(0) + \zeta\omega_n x(0)}{\omega_D}\right)\sin(\omega_D t)\right)$$

位移包络线为

$$\pm\rho e^{-\zeta\omega_n t}$$

式中

$$\rho = \sqrt{x(0)^2 + \left(\frac{\dot{x}(0) + \zeta\omega_n x(0)}{\omega_D}\right)^2}$$

阻尼对于振荡更重要的影响体现在自由振动的衰减率上。注意，t 时刻的位移值与 $t + T_D$ 时刻的比值与时间无关，即

$$\frac{X(t)}{X(t+T_D)} = e^{\zeta\omega_n T_D} = \exp\left(\frac{2\pi\zeta}{\sqrt{1-\zeta^2}}\right) \tag{4-26}$$

以上关系式常作为试验或实际阻尼比率 ζ 测量的基础。某油船小幅初始横摇衰减曲线如图 4-6 所示。

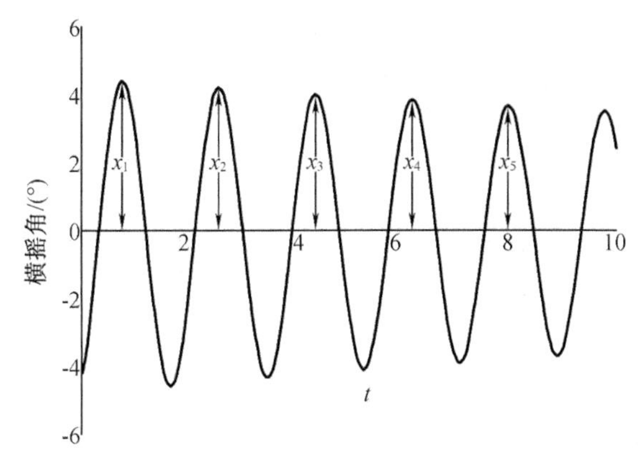

图 4-6　某油船小幅初始横摇角自由横摇衰减曲线

如果相邻两峰值 X_i、X_{i+1} 的比值为

$$\frac{X_i}{X_{i+1}} = \exp\left(\frac{2\pi\zeta}{\sqrt{1-\zeta^2}}\right) \tag{4-27}$$

那么其对数衰减值为

$$\delta = \ln\left(\frac{X_i}{X_{i+1}}\right) = \ln X_i - \ln X_{i+1} = \frac{2\pi\zeta}{\sqrt{1-\zeta^2}}$$

解出阻尼比率值

$$\zeta = \frac{\delta}{\sqrt{4\pi^2 + \delta^2}} \tag{4-28}$$

因此给定自由振动响应的时间历程，来估计阻尼水平的一个实用方法是：提取出一系列相邻峰值 X_i，绘制出如图 4-7 所示的半对数曲线。如果阻尼力是线性的（$F_D = -b\dot{X}$），那么这些点将沿直线下降，该直线的斜率就是平均对数衰减值 δ。将 δ 代入上述等式，就可得到阻尼比率 ζ。

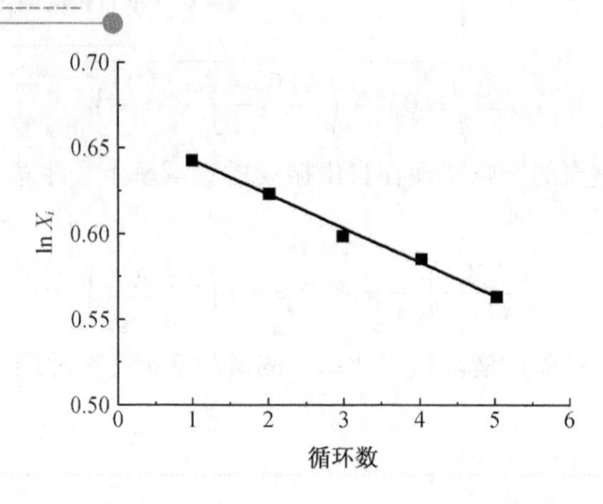

图 4－7　某油船小幅初始横摇角对数衰减率随摇幅变化情况

4.4　线性阻尼系统(SDOF)简谐激励下的稳态响应

包含黏性阻尼，考虑正弦力 $F(t)=F_0\sin(\omega t)$ 激励下、初始条件为 $x(0)$ 和 $\dot{x}(0)$ 的 SDOF 系统，运动方程为 $m\ddot{x}+b\dot{x}+kx=F(t)$。

设方程在稳态激励下的响应为

$$x=x_P(t)+x_C(t) \tag{4-29}$$

$x_P(t)$ 表示稳态激励响应的特解(稳态响应)，表示为

$$x_P(t)=C\sin(\omega t)+D\cos(\omega t) \tag{4-30}$$

其中，C、D 为待求系数，将特解代入受迫激励运动方程后，令方程左右两端相等，可求得具体数值。

$$C=\frac{F_0}{k}\frac{1-\left(\frac{\omega}{\omega_n}\right)^2}{\left(1-\left(\frac{\omega}{\omega_n}\right)^2\right)^2+\left(2\zeta\left(\frac{\omega}{\omega_n}\right)\right)^2}$$

$$D=\frac{F_0}{k}\frac{-2\zeta\left(\frac{\omega}{\omega_n}\right)}{\left(1-\left(\frac{\omega}{\omega_n}\right)^2\right)^2+\left(2\zeta\left(\frac{\omega}{\omega_n}\right)\right)^2}$$

$x_C(t)$ 表示稳态激励下的瞬时自由振动响应(瞬态响应)，表示为

$$x_C(t)=\mathrm{e}^{-\zeta\omega_n t}(A\cos(\omega_D t)+B\sin(\omega_D t)) \tag{4-31}$$

其中，$\omega_D=\omega_n\sqrt{1-\zeta^2}$，注意由于初始瞬时响应，位移最大值可能在系统达到稳定状态前发生。

利用初始条件 $x(0)$ 和 $\dot{x}(0)$ 确定瞬时自由振动响应中的系数 A、B。

$$x(0)=x_P(t=0)+x_C(t=0)=D+A\Rightarrow A=x(0)-D$$

$$\dot{x}(0)=\dot{x}_{\mathrm{P}}(t=0)+\dot{x}_{\mathrm{C}}(t=0)=C\omega+B\omega_{\mathrm{D}}-\zeta\omega_nA$$

$$\Rightarrow B=\frac{\dot{x}(0)}{\omega_{\mathrm{D}}}+\frac{\zeta\omega_nA}{\omega_{\mathrm{D}}}-\frac{C\omega}{\omega_{\mathrm{D}}}=\frac{1}{\omega_{\mathrm{D}}}(\dot{x}(0)+\zeta\omega_nx(0)-\zeta\omega_nD-C\omega) \tag{4-32}$$

综合特解和通解，有阻尼振动系统受迫运动响应为

$$x=x_{\mathrm{P}}(t)+x_{\mathrm{C}}(t)=\mathrm{e}^{-\zeta\omega_nt}(A\cos(\omega_{\mathrm{D}}t)+B\sin(\omega_{\mathrm{D}}t))+C\sin(\omega t)+D\cos(\omega t) \tag{4-33}$$

随着时间的增加，系统初始条件产生的瞬态响应受阻尼影响随指数衰减为零，系统仅随外界激励受迫频率 ω 做稳态响应。

在系统固有频率 $\omega=\omega_n$ 时，$C=0$ 且 $D=-\frac{F_0}{2k\zeta}$。

如果我们把稳态响应写作

$$x_{\mathrm{steady}}(t)=\sqrt{C^2+D^2}\left(\frac{C}{\sqrt{C^2+D^2}}\sin(\omega t)+\frac{D}{\sqrt{C^2+D^2}}\cos(\omega t)\right)=\sqrt{C^2+D^2}\sin(\omega t-\phi)$$

$$=\frac{F_0}{k}|H(\omega)|\sin(\omega t-\phi) \tag{4-34}$$

式中

$$|H(\omega)|=\frac{\sqrt{C^2+D^2}}{F_0/k}=\frac{1}{\sqrt{\left[1-\left(\frac{\omega}{\omega_n}\right)^2\right]^2+\left[2\zeta\left(\frac{\omega}{\omega_n}\right)\right]^2}}$$

$$\phi=\tan^{-1}\left(-\frac{D}{C}\right)=\tan^{-1}\left(\frac{2\zeta\left(\frac{\omega}{\omega_n}\right)}{1-\left(\frac{\omega}{\omega_n}\right)^2}\right)$$

可以看出稳态响应发生在激励周期 $T=\frac{2\pi}{\omega}$，但是滞后了$\frac{\phi}{2\pi}$，角度 ϕ 称为相位角或相位滞后。系统的响应幅值频响函数$\frac{F_0}{k}|H(\omega)|$和激励频率与固有频率之比$\frac{\omega}{\omega_n}$相关，在 $\omega\to\omega_n$ 时，摇荡幅值与系统阻尼成反比。图 4－8 和图 4－9 给出了系统动态响应幅值传递函数 $|H(\omega)|$与相位角传递函数 ϕ 随频率和阻尼的变化曲线。

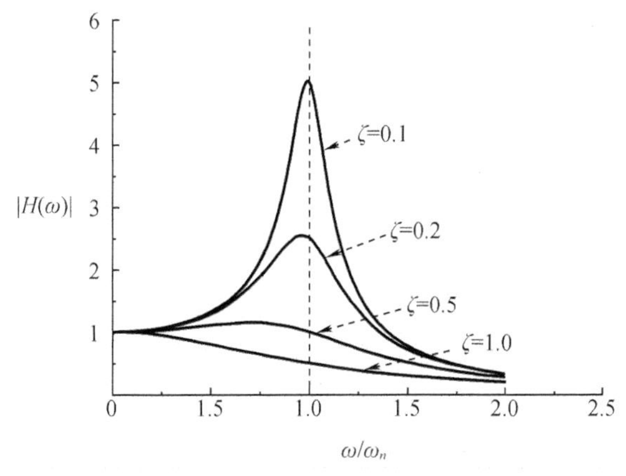

图 4－8　单自由度有阻尼稳态响应幅值频响函数曲线

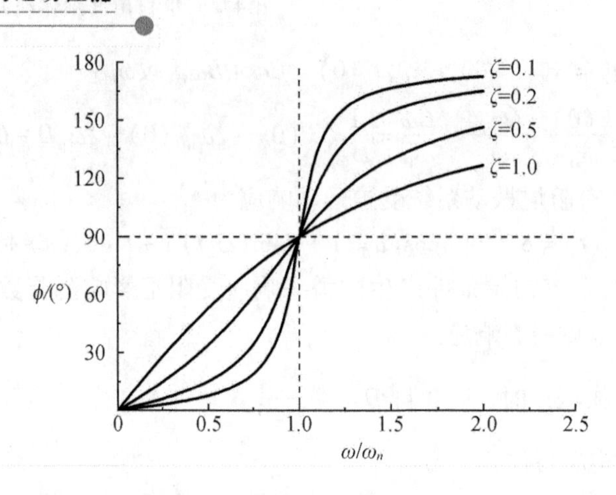

图 4-9　单自由度有阻尼稳态响应相位角频响函数曲线

(1) 对$\frac{\omega}{\omega_n} \ll 1$，$|H(\omega)|$仅略大于 1，本质上与阻尼无关，$\phi$ 接近于 0°，响应与激励同相位。

$$X_{\text{steady}}(t) \approx \frac{F_0}{k}\sin(\omega t) \tag{4-35}$$

(2) 对$\frac{\omega}{\omega_n} \gg 1$，$|H(\omega)| \rightarrow 0$，且本质上与阻尼无关，$\phi$ 接近于 180°，响应与激励不同相位。

$$|H(\omega)| \approx \frac{1}{\left(\frac{\omega}{\omega_n}\right)^2} = \frac{k}{m\omega^2} \text{且 } X_{\text{steady}}(t) = \frac{F_0}{m\omega^2}(\sin(\omega t) - \pi) \tag{4-36}$$

(3) 对$\frac{\omega}{\omega_n} \approx 1$，$|H(\omega)| \approx \frac{1}{2\zeta}$且响应对阻尼很敏感。

$$X_{\text{steady}}(t) = \frac{F_0}{k}\frac{1}{2\zeta}\sin(\omega t - \phi) \tag{4-37}$$

(4) 对 $\omega = \omega_n$，对所有的 ζ 有 $\phi = 90°$，当激励力经过零值时响应达到最大值。

把共振频率定义为$|H(\omega)|$最大时的频率，在共振频率$\frac{\omega}{\omega_n} = \sqrt{1 - 2\zeta^2}$时

$$|H(\omega)| = \frac{1}{2\zeta\sqrt{1 - \zeta^2}} \tag{4-38}$$

第5章　大型浮式结构物运动与波浪力

5.1　本章概述

浮式平台在波浪作用下会产生与波浪激励周期一致的摇荡运动,这种运动我们常称为波频摇荡运动。如果将平台结构看作刚体,其运动形式共有六个,即沿着坐标主轴 x、y、z 的移动(分别称为纵荡、横荡、垂荡)和绕这三个轴的转动(分别称为横摇、纵摇、艏摇)。对于这种波频运动,采用浮体线性水动力分析理论通常可以很好地估算。其中的三维水动力分析线性理论可以在很大程度上描述作用在如半潜式平台、船型浮体及其他大体积结构物上的波浪诱导运动和载荷。本章主要讨论采用三维势流理论方法分析大型浮式结构物的线性水动力和运动。

系泊情况下大型浮式平台在水平面内发生的大幅长周期运动是非线性波浪激励引起的,这一问题对于系泊物体的系泊系统设计很重要,线性理论将不再适用,需要考虑波浪力的二阶效应,相关问题将在本书第6章介绍。

为了分析浮体在波浪中的运动,首先需要确定作用在物体上的外力。浮体水动力线性理论假定浮体运动幅度足够小,因此其运动与浮体受力关系是线性的,并且可以线性叠加。基于线性势流理论描述的浮体扰动流场定解条件和浮体受力分析可以将作用在浮体上的线性流体载荷分为物体在静水中运动的流体作用力和物体在静水面固定不动、波浪经过时的作用力两部分。在获得了浮体作用力后,根据牛顿第二定律,可建立起浮体运动微分方程进行求解。本章将对相关内容进行介绍。

5.2　坐标系和浮体运动描述

假设浮体正浮于水面,在波浪作用下相对平衡位置做微幅摇荡运动。在对浮体在波浪中的受力和运动进行描述之前,先对描述浮体运动的坐标系等进行介绍。

1. 描述浮体运动的坐标系

为方便描述浮体和波浪运动,引入如下三个坐标系。

第一个坐标系是大地坐标系 $o_0-x_0y_0z_0$。$o_0-x_0y_0$ 平面位于静水面上,o_0-z_0 轴垂直于静水面向上。这个坐标系不随流体和船体运动,用来描述海浪的运动。

在大地坐标系下,平面行进波沿 ox_0 负半轴传播,自由波面位移可表示为

$$\zeta=\zeta_a\cos(\omega t+kx_0) \tag{5-1}$$

第二个坐标系是连体坐标系 $o_b - x_b y_b z_b$。该坐标系原点 o_b 通过浮体重心，在浮体静止不动时 $o_b - x_b y_b z_b$ 与下面的平动坐标系 $o - xyz$ 重合，浮体运动时该坐标系随浮体一起运动，该坐标系用来度量浮体上各点的结构坐标。

第三个坐标系是平动坐标系 $o - xyz$，原点 o 位于未扰动的水面上，与大地坐标系原点 o_0 重合。oxy 平面与静水面重合，oz 轴垂直向上，通过未扰动船舶重心。该坐标系 ox_0 轴与大地坐标系 ox_0 轴负半轴间夹角为 β。这个坐标系不随浮体摇荡而运动，用以描述浮体未扰动的平衡位置。在这个坐标系下描述浮体周围的扰动流场，建立浮体运动方程，它构成了表征船舶摇荡位移和姿态的基准。

浮体相对于平动坐标系 $o - xyz$ 运动后，连体坐标系原点 o_b 在 ox、oy、oz 方向的位移分量分别为 η_1、η_2、η_3。其中 η_1 为纵荡、η_2 为横荡、η_3 为垂荡。在浮体转动时，连体坐标系 $o_b - x_b y_b z_b$ 相对于平动坐标系 $o - xyz$ 的转动角度可用三个欧拉角来度量，分别记为 α、θ、γ。其中 α 为横摇角位移，θ 为纵摇角位移，γ 为艏摇角位移。这三个欧拉角构成了浮体转动姿态的变化情况。

在连体坐标系原点 o_b 引入与平动坐标系 $o - xyz$ 平行的坐标系 $o_b - \xi\eta\zeta$。从相对于浮体的连体坐标系 $o_b - x_b y_b z_b$ 到平动坐标系 $o_b - \xi\eta\zeta$ 之间存在的坐标变换如下：

$$T = \begin{bmatrix} \cos\theta\cos\gamma & \sin\alpha\sin\theta\cos\gamma - \sin\gamma\cos\alpha & \cos\alpha\sin\theta\cos\gamma + \sin\alpha\sin\gamma \\ \cos\theta\sin\gamma & \sin\alpha\sin\theta\sin\gamma + \cos\alpha\cos\gamma & \cos\alpha\sin\theta\sin\gamma - \sin\alpha\cos\gamma \\ -\sin\theta & \sin\alpha\cos\theta & \cos\alpha\cos\theta \end{bmatrix} \quad (5-2)$$

为进行统一描述，在浮体运动的六个自由度位移中常将这三个转角位移对应标记为 η_4、η_5、η_6。在浮体转角较小时，浮体转角位移可假设是分别绕着平动坐标系 $o - xyz$ 三个转轴得到的，即绕着 ox 轴的是横摇角 η_4，绕着 oy 轴的是纵摇角位移 η_5，绕着 oz 轴的是艏摇角位移 η_6，描述船体运动的三个坐标系如图 5-1 所示。

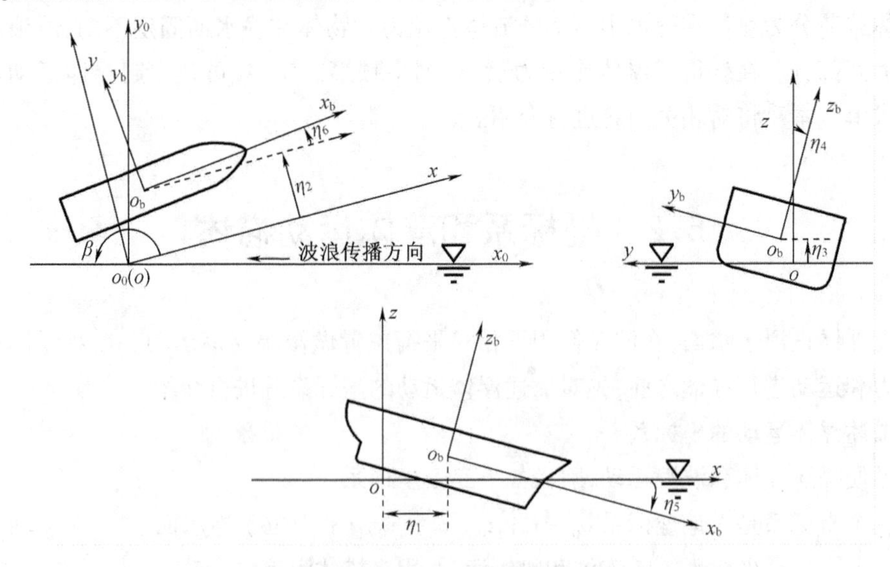

图 5-1　描述船体运动的三个坐标系

2. 浮体上任一点的运动位移

在获得浮体上运动基点相对于坐标系 $o-xyz$ 的运动后,根据运动叠加定理,可以获得浮体上任何一点的运动。

假设在浮体的三个转动位移 $\phi(\alpha,\theta,\gamma)$ 都很小(例如 $\phi<0.1$ rad)的前提下,保留到一阶无穷下,可以进行如下近似:

$$\sin\phi\approx\phi,\quad \cos\phi=1.0 \tag{5-3}$$

在此前提下,从连体坐标系 $o_{\mathrm{b}}-x_{\mathrm{b}}y_{\mathrm{b}}z_{\mathrm{b}}$ 到平动坐标系 $o_{\mathrm{b}}-\xi\eta\zeta$ 间存在的坐标转换关系如下:

$$\begin{Bmatrix}\xi\\ \eta\\ \zeta\end{Bmatrix}=\begin{bmatrix}1 & -\eta_6 & \eta_5\\ \eta_6 & 1 & -\eta_4\\ -\eta_5 & \eta_4 & 1\end{bmatrix}\begin{Bmatrix}x_{\mathrm{b}}\\ y_{\mathrm{b}}\\ z_{\mathrm{b}}\end{Bmatrix} \tag{5-4}$$

由此,浮体上任意一点的摇荡运动位移(在平动坐标系 $o-xyz$ 下)可以表示为

$$\begin{aligned}\Delta x&=\eta_1-y_{\mathrm{b}}\eta_6+z_{\mathrm{b}}\eta_5\\ \Delta y&=\eta_2+x_{\mathrm{b}}\eta_6+z_{\mathrm{b}}\eta_4\\ \Delta z&=\eta_3-x_{\mathrm{b}}\eta_5+y_{\mathrm{b}}\eta_4\end{aligned} \tag{5-5}$$

通过式(5-5)可知,如果考察某点垂向运动位移,则该点运动由浮体垂荡、纵摇和横摇共同引起。

3. 浮体上一点相对于波面的相对运动

定义浮体上某点 $p(x_{\mathrm{b}},y_{\mathrm{b}})$ 相对于该点波面的垂向相对运动为

$$r=\zeta_p-z=\zeta_p-\eta_3+x_{\mathrm{b}}\eta_5-y_{\mathrm{b}}\eta_4 \tag{5-6}$$

该垂向相对运动可理解为浮体上的观测者感觉到的海面上的波浪起伏。判断浮体相对于波面的垂向相对运动对于评估船舶甲板上浪和砰击都很重要。定义浮体最大干舷为 D,吃水为 T。当 $r>D$ 时,将发生上浪,当 $r<-T$ 时,将发生船底出水而容易导致底部砰击的发生。

4. 浮体上任一点的运动速度

定义浮体绕着连体坐标系 $o_{\mathrm{b}}-x_{\mathrm{b}}y_{\mathrm{b}}z_{\mathrm{b}}$ 三个轴瞬时转动角速度为 $(\omega_1,\omega_2,\omega_3)$,利用欧拉角概念和浮体非线性坐标变换矩阵,浮体转动角速度可由欧拉角表示如下:

$$\begin{Bmatrix}\omega_1\\ \omega_2\\ \omega_3\end{Bmatrix}=\begin{bmatrix}1 & 0 & -\sin\theta\\ 0 & \cos\alpha & \sin\alpha\cos\theta\\ 0 & -\sin\alpha & \cos\alpha\cos\theta\end{bmatrix}\begin{Bmatrix}\dot{\alpha}\\ \dot{\beta}\\ \dot{\gamma}\end{Bmatrix} \tag{5-7}$$

假设浮体做微幅转动,将上述变换关系保留至一阶无穷下,浮体转动角速度可用欧拉角随时间变化率表示为

$$\omega_1=\dot{\alpha}=\dot{\eta}_4,\quad \omega_2=\dot{\theta}=\dot{\eta}_5,\quad \omega_3=\dot{\gamma}=\dot{\eta}_6 \tag{5-8}$$

浮体上点 $p_0(x_{\mathrm{b}},y_{\mathrm{b}},z_{\mathrm{b}})$ 速度矢量可表示为

$$\boldsymbol{U}=\begin{Bmatrix}\dot{\eta}_1\\ \dot{\eta}_2\\ \dot{\eta}_3\end{Bmatrix}+\boldsymbol{\omega}\times\boldsymbol{r}_{\mathrm{b}}=\begin{Bmatrix}\dot{\eta}_1\\ \dot{\eta}_2\\ \dot{\eta}_3\end{Bmatrix}+\begin{Bmatrix}\dot{\eta}_4\\ \dot{\eta}_5\\ \dot{\eta}_6\end{Bmatrix}\times\begin{Bmatrix}x_{\mathrm{b}}\\ y_{\mathrm{b}}\\ z_{\mathrm{b}}\end{Bmatrix} \tag{5-9}$$

5.3 规则波中的浮体摇荡运动和流动线性化定解条件

考虑浮体在规则波中微幅摇荡运动,不规则波中的运动可从规则单元波引起的运动线性叠加得到。假设浮体在一微幅规则波中作用很长时间,浮体运动和流体运动已达稳态。结构物以激励它的波浪力相同的频率做六个自由度的简谐摇荡。

设入射波的一阶速度势为

$$\Phi_0 = Re(\varphi_0 e^{-i\omega t})$$

假设入射波是圆频率为 ω 的规则波。在平动坐标系下,用余弦形式的平面行进波公式,则一阶二维平面入射波的速度势可以表示为

$$\phi_0 = \frac{g\zeta_a}{i\omega}\frac{\mathrm{ch}k_0(z+h)}{\mathrm{ch}k_0h}e^{ik_0(x\cos\beta + y\sin\beta)} \tag{5-10}$$

式中 ζ_a——入射波幅;

k_0——波数;

β——入射波传播方向与 x 轴正向之间的夹角,由 x 轴正向逆时针转到波浪传播方向为正,迎浪时 β 即为 180°。

$$\phi_0 = \frac{g\zeta_a}{i\omega}\frac{\mathrm{ch}k_0(z+h)}{\mathrm{ch}k_0h}e^{ik_0(x\cos\beta + y\sin\beta)} \tag{5-11}$$

当水深趋近于无穷时($h\to\infty$),有

$$\phi_0 = \frac{g\zeta_a}{i\omega}e^{k_0z}e^{ik_0(x\cos\beta + y\sin\beta)},\ k_0 = \frac{\omega^2}{g} \tag{5-12}$$

则表示为无限水深入射波的速度势。

在规则波作用下,浮体的六个自由度位移可写为

$$\eta_j = Re(\eta_{ja}e^{-i\omega t}),\quad j=1,2,\cdots,6 \tag{5-13}$$

式中 η_{ja}——复数幅值,$\eta_{ja} = \eta_{jac} + i\eta_{jas}$。

也可由浮体六个自由度摇荡幅值 $|\eta_{ja}|$ 和相位角 ε 表示浮体简谐摇荡。

$$\eta_j = |\eta_{ja}|\cos(\omega t + \varepsilon) \tag{5-14}$$

其中,$|\eta_{ja}| = \sqrt{\eta_{jac}^2 + \eta_{jas}^2}$,$\tan\varepsilon = \dfrac{-\eta_{jas}}{\eta_{jac}}$。

对于特征尺度相对波幅和其固有运动幅值而言较大的大型浮体结构,认为浮体所处的海洋环境满足势流理论假设,即流体是不可压缩的,不考虑黏性的影响,并且流动是无旋的。不可压缩理想流体无旋流场用速度势描述,满足的拉普拉斯方程如下:

$$\nabla^2\Phi = 0 \tag{5-15}$$

浮体周围流体速度势除了满足流场中的拉普拉斯方程,还需要满足边界条件,包括自由表面边界条件和其他的浮体运动学边界条件、扰动波外传辐射条件等。

(1)浮体上的不可穿透条件为

$$\nabla\Phi\cdot n = U\cdot n \tag{5-16}$$

式中　n——浮体表面法向量；

U——浮体表面的运动速度。

(2)由于结构的存在(对二维问题，扰动波将向上、下游传播，对三维问题，扰动波将向四周无限远处传播)，需要满足入射流的扰动在无限远处消失的条件。当在频域内求解问题需要消除非物理解时，这一条件在数学上是必要的。

首先将问题线性化，假设来波波幅和浮体对来波扰动都是小量，流场速度势满足的自由面条件近似到平均位置满足，其线性化条件如下：

$$\frac{\partial^2 \Phi}{\partial t^2} + g\frac{\partial \Phi}{\partial z} = 0 \Big|_{z=0} \tag{5-17}$$

对浮式结构，浮体在物面边界瞬时湿表面满足流场沿法向不可穿透条件。在瞬时湿表面上满足该条件，而其位置先前是未知的。假设结构绕其平均位置做小幅运动，对瞬时物面上的流体速度和物面法向量在平衡位置进行泰勒展开，保留一阶项，可以获得在浮体结构平均位置上满足的流场法向不可穿透条件：

$$\nabla\Phi(p_0,t)\cdot\boldsymbol{n}_0 = U(p_0,t)\cdot n_0\Big|_{s_{b0}} \tag{5-18}$$

浮体表面上点 p_0 速度矢量可由式(5-9)表示，由此得

$$\nabla\Phi\cdot n_0 = \left[\begin{pmatrix}\dot\eta_1\\ \dot\eta_2\\ \dot\eta_3\end{pmatrix} + \begin{pmatrix}\dot\eta_4\\ \dot\eta_5\\ \dot\eta_6\end{pmatrix}\times\begin{pmatrix}x_b\\ y_b\\ z_b\end{pmatrix}\right]\cdot\begin{pmatrix}n_{0x}\\ n_{0y}\\ n_{0z}\end{pmatrix} \tag{5-19}$$

$$\nabla\Phi\cdot n_0 = \begin{pmatrix}\dot\eta_1\\ \dot\eta_2\\ \dot\eta_3\end{pmatrix}\cdot\begin{pmatrix}n_{0x}\\ n_{0y}\\ n_{0z}\end{pmatrix} + \begin{pmatrix}\dot\eta_4\\ \dot\eta_5\\ \dot\eta_6\end{pmatrix}\cdot\left(\begin{pmatrix}x_b\\ y_b\\ z_b\end{pmatrix}\times\begin{pmatrix}n_{0x}\\ n_{0y}\\ n_{0z}\end{pmatrix}\right) \tag{5-20}$$

引进广义法矢量$(n_1,n_2,n_3)=(n_{0x},n_{0y},n_{0z})$，有

$$\begin{pmatrix}n_4\\ n_5\\ n_6\end{pmatrix} = \begin{pmatrix}x_b\\ y_b\\ z_b\end{pmatrix}\times\begin{pmatrix}n_{0x}\\ n_{0y}\\ n_{0z}\end{pmatrix} = \begin{pmatrix}y_b n_{0z} - z_b n_{0y}\\ z_b n_{0x} - x_b n_{0z}\\ x_b n_{0y} - y_b n_{0x}\end{pmatrix} \tag{5-21}$$

可将流动势在平均物面满足的法向不可穿透条件写成

$$\nabla\Phi(p_0,t)\cdot\boldsymbol{n}_0 = \sum_{j=1}^{6}\dot\eta_j n_j \tag{5-22}$$

浮体周围流场的波动由入射波 Φ_0 与浮体对来波的扰动波 Φ_p 组成，即

$$\Phi = \Phi_0 + \Phi_p = Re((\phi_0 + \phi_p)e^{-i\omega t}) \tag{5-23}$$

Φ 的展开式在浮体平均湿表面满足线性化不可穿透条件

$$\nabla\Phi(p_0,t)\cdot\boldsymbol{n}_0 = \sum_{j=1}^{6}\dot\eta_j n_j \tag{5-24}$$

$$\nabla\phi_p\cdot\boldsymbol{n}_0 = \sum_{j=1}^{6} -i\omega\eta_{ja}n_j - \nabla\phi_0\cdot\boldsymbol{n}_0 \tag{5-25}$$

由问题的线性性质可将扰动势 ϕ_p 分解为两个分量：

$$\phi_p = \phi_D + \phi_R \tag{5-26}$$

式中　ϕ_D——假设物体不动时由入射波产生的绕射势，它满足船体上不可穿透条件如下：

$$\nabla\phi_D \cdot \boldsymbol{n}_0 = -\nabla\phi_0 \cdot \boldsymbol{n}_0 \tag{5-27}$$

ϕ_R——没有入射波时由物体运动产生的辐射势，有

$$\phi_R = \sum_{j=1}^{6} -i\omega\eta_{ja}\phi_{Rj} \tag{5-28}$$

满足船体上的不可穿透条件：

$$\nabla\phi_{Rj} \cdot \boldsymbol{n}_0 = n_j \tag{5-29}$$

其中，η_j——浮体平均湿表面对应的广义法矢量，$j=1,2,3,\cdots,6$。

由此可见，根据叠加原理，有理由把扰动势分解为如下七个组成部分：

$$\phi_p = \sum_{j=1}^{6} -i\omega\eta_{ja}\phi_j + \zeta_a\phi_7 \tag{5-30}$$

其中，$\phi_j(j=1,2,\cdots,7)$和时间无关，其定解条件为

$$\begin{cases} \nabla^2\phi_j = 0, & \text{在流体域内} \\ \dfrac{\partial\phi_j}{\partial z} - \dfrac{\omega^2}{g}\phi_j = 0, & \text{在静止状态 } z=0 \text{ 的自由面 } S_F \text{ 上} \\ \nabla\phi_j \cdot n_0 = f_j, j=1,2,3,\cdots,7, & \text{在船体平均湿表面 } S_{b0} \text{ 上} \\ \dfrac{\partial\phi_j}{\partial z} = 0, & \text{在水底 } S_D(z=-h) \text{ 上或} \nabla\phi_j \to 0(z\to-\infty) \\ \lim\limits_{R\to\infty}\sqrt{R}\left(\dfrac{\partial\phi_j}{\partial R} - ik\phi_j\right) = 0 \end{cases} \tag{5-31}$$

在式(5-31)中对绕射问题，有

$$f_7 = -\nabla\phi_I \cdot \boldsymbol{n}_0$$

对辐射问题，有

$$f_j = n_j, \quad j=1,2\cdots6$$

式中　n_j——船体平均湿表面广义法矢量的第 j 个分量。

式(5-31)最后一式表示萨默费尔德(Sommerfeld)形式的辐射条件，目的是使求解的扰动势描述的是浮体扰动后向外扩散传播的波浪场。R 为径向距离 $\sqrt{x^2+y^2}$。这一条件表示在远处，绕-辐射波沿径向方向传播，k 为波数，波幅按 $1/\sqrt{R}$减小。

5.4　规则波中浮体受到的线性水动力

获得流场扰动势 ϕ_p 后，根据伯努利方程，压力 p 为

$$p = p_0 - \rho gz - \rho\frac{\partial\Phi}{\partial t} - \frac{1}{2}\rho\,\nabla\Phi \cdot \nabla\Phi \tag{5-32}$$

通过对船体波面以下的瞬时湿表面 S_b 上的压力积分得到流体的作用力

$$F_H = \iint_{S_b} p\boldsymbol{n}\,\mathrm{d}s$$

$$M_{\mathrm{H}} = \iint_{S_{\mathrm{b}}} p \boldsymbol{o}_{\mathrm{b}}\boldsymbol{p} \times \boldsymbol{n}\mathrm{d}s \tag{5-33}$$

式中　p——船体湿表面上的点；

n——船体的内法线。

在线性化理论范围内，仅保留水动力一阶项，作用在浮体瞬时位置的水动力可以近似在静水面以下的浮体平均湿表面上估算，即

$$F_{\mathrm{H}_d} = -\iint_{S_{\mathrm{b0}}} \rho\left(\frac{\partial \Phi(p,t)}{\partial t} + \frac{1}{2}(\nabla\Phi(p,t))^2\right)\boldsymbol{n}\mathrm{d}s \approx -\iint_{S_{\mathrm{b0}}} \rho\frac{\partial \Phi(p,t)}{\partial t}\boldsymbol{n}_0\mathrm{d}s$$

$$M_{\mathrm{H}_d} = -\iint_{S_{\mathrm{b0}}} \rho\left(\frac{\partial \Phi(p,t)}{\partial t} + \frac{1}{2}(\nabla\Phi(p,t))^2\right)\boldsymbol{o}_{\mathrm{b}}\boldsymbol{p} \times \boldsymbol{n}\mathrm{d}s \approx -\iint_{S_{\mathrm{b0}}} \rho\frac{\partial \Phi(p,t)}{\partial t}\boldsymbol{op} \times \boldsymbol{n}_0\mathrm{d}s$$

引入广义法矢量，将流体水动力(矩)统一表示为如下形式：

$$F_{\mathrm{H}_{d_j}} = -\rho\iint_{S_{\mathrm{b0}}} \frac{\partial \Phi(p,t)}{\partial t} n_{0j}\mathrm{d}s, \quad j = 1,2,\cdots,6 \tag{5-34}$$

将流场入射波势和扰动势表达式代入浮体受到的线性水动力表达式，有

$$F_{\mathrm{H}_{d_j}} = -\rho\iint_{S_{c0}} \frac{\partial}{\partial t}[(\phi_0 + \phi_{\mathrm{D}} + \phi_{\mathrm{R}})\mathrm{e}^{-\mathrm{i}\omega t}] n_{0j}\mathrm{d}s, \quad j = 1,2,\cdots,6 \tag{5-35}$$

将其分解为两部分水动力载荷，其中一部分来自入射波浪和绕射波浪力，合称波浪力。另一部分来自船体在静水中摇荡运动引起的流体反作用力载荷，称为辐射力。

1. 波浪力(矩)

$$F_{\mathrm{D}j} = \mathrm{i}\rho\omega\iint_{S_{c0}} (\phi_0 + \phi_D) n_{0j}\mathrm{d}s \cdot \mathrm{e}^{-\mathrm{i}\omega t} = f_{\mathrm{d}j} \cdot \mathrm{e}^{-\mathrm{i}\omega t} \tag{5-36}$$

结构物上的波浪力和力矩是当物体摇荡被约束并出现入射波时所受的载荷。可以将浮体周围非定常的流体压力分为两部分。一部分是受扰动入射波引起的非定常压力，由此压力场产生的力称为傅汝得－克里洛夫(Froude－Kriloff)力；另外必定还存在一个因为结构物改变了入射波压力场而产生的力，这个力称为绕射力。

2. 辐射力(矩)

$$\begin{aligned} F_{\mathrm{R}j} &= \mathrm{i}\rho\omega\iint_{S_{c0}} \phi_{\mathrm{R}} n_{0j}\mathrm{d}s \cdot \mathrm{e}^{-\mathrm{i}\omega t} \\ &= \mathrm{i}\rho\omega\iint_{S_{c0}} \sum_{k=1}^{6} -\mathrm{i}\omega\eta_{ka}\phi_{\mathrm{R}k} n_{0j}\mathrm{d}s \cdot \mathrm{e}^{-\mathrm{i}\omega t} \\ &= -\sum_{k=1}^{6}\rho\iint_{S_{c0}} Re(\phi_{\mathrm{R}k}) n_{0j}\mathrm{d}s \cdot \ddot{\eta}_k - \sum_{k=1}^{6}\rho\iint_{S_{c0}} \omega\mathrm{Im}(\phi_{\mathrm{R}k}) n_{0j}\mathrm{d}s \cdot \dot{\eta}_k \\ &= -\sum_{k=1}^{6} A_{jk}\ddot{\eta}_k - \sum_{k=1}^{6} B_{jk}\dot{\eta}_k \end{aligned} \tag{5-37}$$

从式(5－37)看出，浮体简谐运动下的流体辐射力分解成了两部分，其中一部分与浮体运动加速度成正比，比例系数 A_{jk} 称为附加质量系数，表示在 k 方向浮体以单位幅值加速度简谐运动在 j 方向产生的流体惯性力，该部分力称为附加质量力(附连水惯性力)。另外一部分与浮体运动速度成正比，比例系数 B_{jk} 称为兴波阻尼系数，表示浮体在 k 方向以单位幅值速度简谐运动在 j 方向产生的流体阻尼力，该部分流体载荷称为兴波阻尼力。

附加质量和阻尼系数具体表示形式如下：

$$A_{jk} = \rho \iint_{S_{c0}} Re(\phi_{Rk}) \boldsymbol{n}_{0j} \mathrm{d}s$$

$$B_{jk} = \rho \iint_{S_{c0}} \omega \mathrm{Im}(\phi_{Rk}) \boldsymbol{n}_{0j} \mathrm{d}s \tag{5-38}$$

用 Green 公式可以证明

$$A_{jk} = A_{kj}$$

$$B_{jk} = B_{kj} \tag{5-39}$$

附加质量力和阻尼载荷是浮体强迫简谐运动的稳态水动力和力矩。物体在静水中强迫运动兴起了向外扩散的波浪,并在物面上产生振荡的流体压力。对物面上的流体压力进行积分得到物体上的力和力矩。其中附加质量力反映了浮体在水面做摇荡运动迫使周围流体动量变化而对浮体施加的反作用力。而兴波阻尼力反映了浮体在水面强迫运动产生向外扩散的辐射波,以流体阻尼力的形式作用在浮体上。

对于零航速三维形状的浮体,共有 36 个附连质量系数和 36 个阻尼系数。利用式(5-39)的对称性条件可知,共有 21 个独立的附加质量和兴波阻尼系数。当结构物有一个垂向的对称面时(关于 $o_b - x_b z_b$),由辐射流场的对称性(反对称性)可知,共有 12 个独立的附加质量和阻尼系数。

应当注意,附加质量系数 A_{jk} 和阻尼系数 B_{jk} 不是无因次系数,它们不仅与浮体的形状和运动模态相关,而且是振荡频率的函数。其他因素如水的深度和限制水域也会影响到这些系数。另外需要注意的是并非所有的附连质量系数都有质量的量纲,如一些项如 A_{44} 有着惯性矩量纲,其他项如 A_{15} 的量纲为质量和长度的乘积。

5.5 静水恢复力

在 5.4 节中分析浮体受到的水动力时,还没有考虑静水压力积分对浮体产生的力。浮体受波浪作用产生摇荡运动,对应的垂荡、横摇和纵摇运动会引起浮体水下排水体积的变化,存在与浮体摇荡位移相反的静水恢复力(矩)。常将静水压力 $-\rho g z$ 产生的船体作用力和由重心位置变化产生的船体作用力合在一起考虑。当浮体无约束自由漂浮时,将力和力矩分量写为

$$F_{Sj} = -\sum_{k=1}^{6} C_{jk} \eta_k \tag{5-40}$$

式中 C_{jk}——静水回复力系数。

浸水体积对称于 $o_b - x_b z_b$ 平面的物体仅有的非零系数为

$$\left.\begin{aligned}
C_{33} &= \rho g A_{WP} \\
C_{35} &= C_{53} = -\rho g \iint_{A_{WP}} x_b \mathrm{d}s \\
C_{44} &= C_{53} = -\rho g \iint_{A_{WP}} y_b^2 \mathrm{d}s = \rho g V \overline{GM}_T \\
C_{55} &= \rho g V(z_B - z_G) + \rho g \iint_{A_{WP}} x_b^2 \mathrm{d}s = \rho g V \overline{GM}_L
\end{aligned}\right\} \tag{5-41}$$

式中　A_{WP}——浮体水线面面积；

V——排水体积；

z_G、z_B——重心和浮心的 z 坐标；

$\overline{GM}_T$——横稳心高；

$\overline{GM}_L$——纵稳心高。

例如，推导 C_{33} 时要研究强迫垂荡运动和分析由水静压力 $-\rho gz$ 引起的浮力改变，这大约可以线性近似为 $-\rho g A_{WP}\eta_3$。

对于系泊的结构物来说还需要加上额外的恢复力。伸展开的锚泊系统对线性波浪诱导运动的影响一般是非常小的。不过也有特殊情况，其中之一是张力腿平台（TLP）的张力筋键对平台垂荡、纵摇和横摇恢复力贡献很大，在分析该类型平台线性运动时必须考虑张力筋键的恢复力作用。

综上所述，规则波中的水动力问题可以分两个问题来处理。

（1）在规则入射波中，分析当结构物的摇荡受约束时物体上的力和力矩。水动力载荷就是所谓的波激载荷，由 Froude - Kriloff 力、波浪绕射力和力矩组成。

（2）分析结构物以波激频率做任何模式的刚体强迫摇荡时的力和力矩。没有入射波，水动力载荷为附连质量、阻尼和回复力项。

5.6　浮体六个自由度线性化运动方程

在浮体重心 G 处应用质心动量定理和动量矩定理，可建立浮体在波浪中微幅运动的六个自由度线性运动方程：

$$m\frac{\mathrm{d}^2}{\mathrm{d}t^2}\begin{Bmatrix}\delta x_G\\ \delta y_G\\ \delta z_G\end{Bmatrix}=\boldsymbol{F}_G \tag{5-42}$$

$$[I]\frac{\mathrm{d}}{\mathrm{d}t}\begin{Bmatrix}\omega_1\\ \omega_2\\ \omega_3\end{Bmatrix}=\boldsymbol{M}_G \tag{5-43}$$

式中　m——浮体质量；

$[I]$——浮体相对于过重心的连体坐标系 $G-XYZ$ 三个轴的惯性矩矩阵；

$\boldsymbol{F}_G$——作用于浮体重心的外力；

$\boldsymbol{M}_G$——作用于浮体重心的力矩矢量。

在连体坐标系 $o_b-x_by_bz_b$ 中，重心 G 的位置矢量 $\boldsymbol{r}_G$ 为 $(0,0,z_G)$，其重心处摇荡位移用浮体运动基点位移表示为

$$\begin{Bmatrix}\delta x_G\\ \delta y_G\\ \delta z_G\end{Bmatrix}=\begin{Bmatrix}\eta_1\\ \eta_2\\ \eta_3\end{Bmatrix}+\begin{Bmatrix}\eta_5\\ -\eta_4\\ 0\end{Bmatrix}z_G \tag{5-44}$$

另外,浮体作用于重心的力矩矢量 $\boldsymbol{M}_{\mathrm{G}}$ 与作用于连体坐标系原点 o_b 间的力矩矢量 $\boldsymbol{M}_o$ 间的关系式为

$$\boldsymbol{M}_{\mathrm{G}} = \boldsymbol{M}_o - \boldsymbol{r}_{\mathrm{G}} \times \boldsymbol{F}_{\mathrm{G}} \tag{5-45}$$

对于浮体小幅转动,有

$$\omega_1 = \dot{\eta}_4, \quad \omega_2 = \dot{\eta}_5, \quad \omega_3 = \dot{\eta}_6 \tag{5-46}$$

将以上关系式代入浮体线性动力学方程,得

$$\sum_{k=1}^{6} M_{jk}\ddot{\eta}_k = F_j (j = 1, \cdots, 6) \tag{5-47}$$

$$M_{jk} = \begin{bmatrix} m & 0 & 0 & 0 & mz_{\mathrm{G}} & 0 \\ 0 & m & 0 & -mz_{\mathrm{G}} & 0 & 0 \\ 0 & 0 & m & 0 & 0 & 0 \\ 0 & -mz_{\mathrm{G}} & 0 & I_{11} + mz_{\mathrm{G}}^2 & I_{12} & I_{13} \\ mz_{\mathrm{G}} & 0 & 0 & I_{21} & I_{22} + mz_{\mathrm{G}}^2 & I_{23} \\ 0 & 0 & 0 & I_{31} & I_{32} & I_{33} \end{bmatrix} \tag{5-48}$$

F_j 表示浮体上作用的线性水动力载荷,根据线性水动力理论分析得

$$F_j = F_{\mathrm{D}j} + F_{\mathrm{R}j} + F_{\mathrm{S}j} = f_{\mathrm{d}j}\mathrm{e}^{-\mathrm{i}\omega t} - \sum_{k=1}^{6} A_{jk}\ddot{\eta}_k - \sum_{k=1}^{6} B_{jk}\dot{\eta}_k - \sum_{k=1}^{6} C_{jk}\eta_k \tag{5-49}$$

由此得浮体受到的运动方程为

$$\sum_{k=1}^{6} (M_{jk} + A_{jk})\ddot{\eta}_k + \sum_{k=1}^{6} C_{jk}\eta_k = f_{\mathrm{d}j}e^{-\mathrm{i}\omega t}, \quad \mathrm{j} = 1, 2, \cdots, 6 \tag{5-50}$$

将上述微分方程组写成矩阵形式:

$$([M] + [A])\{\ddot{\eta}\} + [B]\{\dot{\eta}\} + [C]\{\eta\} = \{f_{\mathrm{d}j}\mathrm{e}^{-\mathrm{i}\omega t}\} \tag{5-51}$$

寻求该方程的稳态解,应是与波浪激励力有相同频率的振荡,将 $\eta_j = \eta_{j\mathrm{a}}\mathrm{e}^{-\mathrm{i}\omega t}$ 代入上述运动方程,可获得如下的以位移振幅 $\eta_{j\mathrm{a}}$ 为未知数的代数方程组:

$$[-\omega^2([M] + [A]) - \mathrm{i}\omega[B] + [C]]\{\eta_{j\mathrm{a}}\} = f_{\mathrm{d}j} \tag{5-52}$$

由于已经确定了附加质量、阻尼和右端激励力,求解该方程不存在困难。

5.7 浮筒波浪中垂荡运动分析

前面分析了浮体受到波浪作用产生波频(一阶摇荡运动)水动力和运动方程求解分析的一般原理和方法。为了加深对浮体在波浪中运动响应分析势流方法的理解,本节参考 Journee 和 Massie 的工作,针对直立漂浮圆筒,开展波浪中的线性运动分析。

考虑漂浮浮筒在波浪中的垂向运动响应,相对于静水面建立一个固定的垂向坐标系,浮筒重心相对于静水面的振荡位移为 $z(t)$,根据牛顿运动定律,浮体垂向运动可以表示为

$$\frac{\mathrm{d}}{\mathrm{d}t}(m\dot{z}) = m\ddot{z} = \rho\nabla\ddot{z} = F_{\mathrm{h}} + F_{\mathrm{w}} \tag{5-53}$$

式中 ρ——水的密度;

∇——浮体排水体积；

F_{h}——浮体在静水中的垂向水动力；

F_{w}——浮体在波浪中的垂向波浪力。

针对浮体在波浪中受到的水动力进行线性近似，浮体运动方程也可以线性化。可以认为波浪作用下浮体运动是一个线性系统，波浪中浮体受到的流体载荷可理解为浮体在静水中的强迫运动水动力和浮体在波浪中约束不动时力的叠加。

图5－2给出了该浮筒受到的水动力的分解情况：

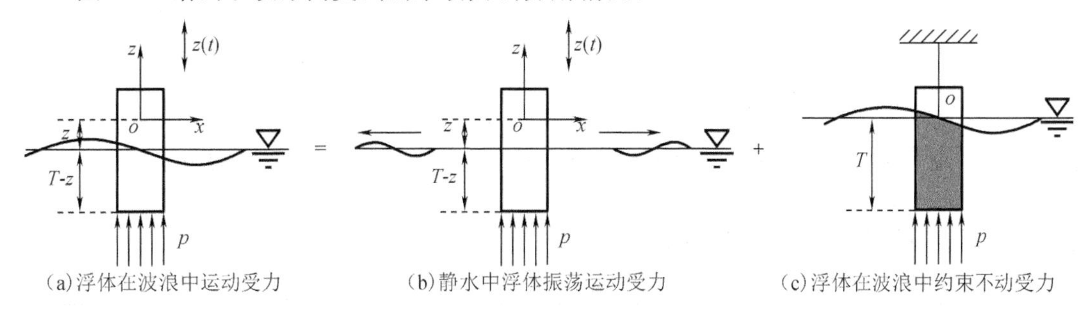

图5－2　垂荡浮筒受力的线性分解示意图

1. 浮筒静水中垂荡流体载荷

首先考虑浮筒在静水中做强迫垂荡运动的流体载荷。作用在浮筒上的垂向力为

$$F_z(t) = -mg + \rho g(T - z)A_{\mathrm{w}} - b\dot{z} - a\ddot{z} = -cz - b\dot{z} - a\ddot{z} \qquad (5-54)$$

式中　z——浮筒垂荡位移；

A_{w}——浮筒静平衡时的水线面面积；

m——浮筒自身质量，$m = \rho A_{\mathrm{w}} T$；

a——浮筒垂荡附加质量系数；

b——浮筒垂荡兴波阻尼系数；

c——浮筒摇荡运动的静水恢复力系数，$c = \rho g A_{\mathrm{w}}$；

T——浮筒静止平衡位置吃水。

上式推导中利用了浮体静止时静力平衡关系，$mg = \rho g T A_{\mathrm{w}}$。

从物理意义上来看，水动力项$a\ddot{z}$、$b\dot{z}$表示由浮筒在水面做垂荡运动时受到的水的反作用力。假设水是理想流体，水动力附加质量系数和兴波阻尼系数可根据势流理论来获得。图5－3表示依据三维势流理论获得的浮筒垂荡微幅运动受到的质量系数a和阻尼系数b。

柱体的垂荡运动在水面会兴起波浪，波浪向外传播并传递波能，波浪从浮筒的振荡运动吸取能量。由兴波耗散引起的浮体运动阻尼力称为兴波阻尼（势流阻尼）力，该部分阻尼力在线性假设下正比于浮筒垂向振荡速度$\dot{z}$，其系数b为兴波阻尼系数或势流阻尼系数。从图5－3可以看出浮筒的水动力阻尼系数是浮筒振荡频率的函数。

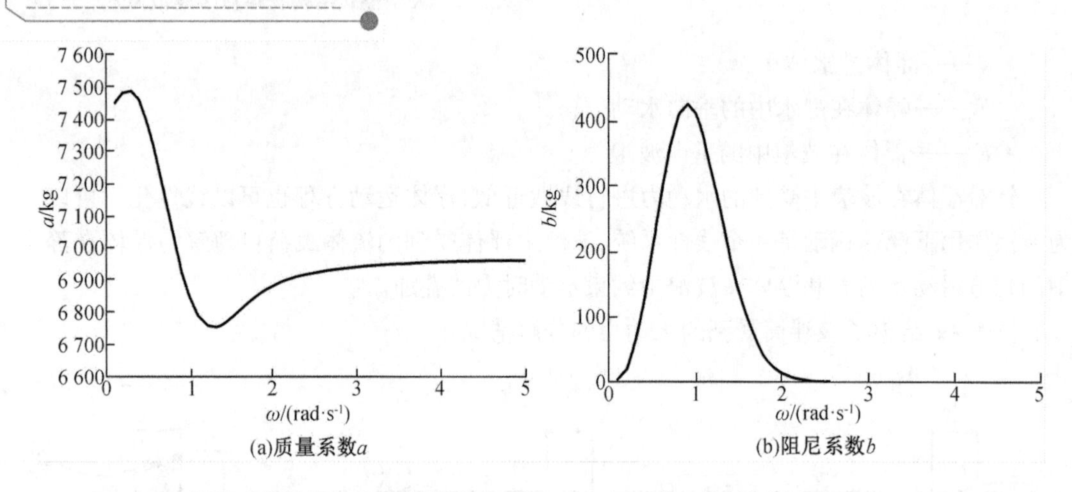

图 5-3　浮筒垂荡微幅运动受到的质量系数 *a* 和阻尼系数 *b*（浮筒直径 *D* = 3 m，*T* = 8 m）

在实际黏性流体中，流体黏性引起的摩擦、流动分离、漩涡运动都会导致阻尼，通常这些阻尼是非线性的，但对于大型浮体结构而言，这些阻尼成分很小，当前暂不考虑。

浮筒受到的另外一部分水动力 $a\ddot{z}$ 是正比于浮筒的垂向加速度的。该部分力是由于浮筒周围的水质点加速运动而产生的，并不耗散能量。其系数 a 具有质量的量级，通常称为水动力质量或附加质量。图 5-3 可以看出浮筒的附加质量系数也是浮筒振荡频率的函数。

根据试验观测，在很多情况下，浮体受到的与加速度和速度相关的力在小幅运动情况下具有很好的线性行为。

类似的分析方法可以用于其他运动模态的分析。对于角位移运动，比如横摇运动，静水中的非耦合横摇运动方程可以表示为

$$(m+a)\ddot{\phi}+b\dot{\phi}+c\phi=0 \tag{5-55}$$

对于实际的 FPSO，半潜式平台等大型浮式平台结构描述波浪中浮体的运动方程方法是类似的，不过由于浮体几何形状的三维特征，单一运动模态引起的流体载荷在六个分量上都有贡献，由此引起流体动力和浮体运动的耦合，可以按照线性水动力分析理论和运动理论进行分析。

2. 波浪载荷

下面我们来分析垂荡浮筒受到的线性波浪力，说明圆柱体受到波浪力的分析方法。

假设圆柱体受深水微幅平面行进波作用，波浪速度势可以表示为

$$\Phi=\frac{-\zeta_{a}g}{\omega}e^{kz}\sin(\omega t-kx) \tag{5-56}$$

自由面波浪起伏为

$$\zeta=\zeta_{a}\cos(\omega t-kx) \tag{5-57}$$

按线性伯努利方程，作用在圆柱体底部的入射波水动压力可以写为

$$p=-\rho\frac{\partial\Phi}{\partial t}=\rho g\zeta_{a}e^{kz}\cos(\omega t-kx)=\rho g\zeta_{a}e^{-kT}\cos(\omega t-kx) \tag{5-58}$$

假设立柱的直径相对于波长足够小，$kd\approx0$，由此可以假设立柱底面上的压力分布均匀，圆柱底面的入射波压力可以近似为

$$p=\rho g\zeta_{a}e^{-kT}\cos(\omega t) \tag{5-59}$$

可以获得浮筒底部的垂向力

$$F_{FK}=\rho g\zeta_{a}e^{-kT}\cos(\omega t)\frac{\pi}{4}D^{2} \tag{5-60}$$

进一步,该波浪力可以表示成一线性弹簧系数与有效波高乘积的形式:

$$F_{FK}=c\zeta^{*}$$

其中,$c=\rho g\frac{\pi}{4}D^{2}$。

$$\zeta^{*}=e^{-kT}\zeta_{a}\cos(\omega t) \tag{5-61}$$

F_{FK}称为傅汝德－克雷洛夫力(Froude－Krilov force),通过入射波压力在浮体湿表面积分来获得。

实际当入射波作用于固定不动的浮体时,由于浮体存在改变了来波在浮体周围的波浪场,产生绕射波,引起浮体周围压力场相对于入射波压力发生变化,使浮体受到附加的绕射波浪力作用。

为估算浮筒受到的垂向绕射力,这里采用相对运动的思想来处理。将绕射力作用等效为浮体以波浪粒子运动速度和加速度反向的运动模式运动受到的流体辐射水动力作用。

$$F_{d}=-a(-a_{wz})-b(u_{wz})\big|_{z=-T}=aa_{wz}+bu_{wz}\big|_{z=-T} \tag{5-62}$$

式(5－62)中a_{wa}和u_{wa}表示在浮筒底部中心处的来波引起的流场加速度和速度。按照来波的速度势,可以进一步表示为

$$u_{wz}\big|_{z=-T}=-\omega\zeta_{a}e^{-kT}\sin(\omega t)$$

$$a_{wz}\big|_{z=-T}=-\omega^{2}\zeta_{a}e^{-kT}\cos(\omega t)$$

浮筒受到的全部波浪力可认为是傅汝德－克雷洛夫力和绕射力的合力,将两者求和,可获得

$$F_{w}=F_{FK}+F_{d}=\zeta_{a}e^{-kT}(c-a\omega^{2})\cos\omega t-\zeta_{a}e^{-kT}(b\omega)\sin(\omega t) \tag{5-63}$$

进一步,将浮筒受到的垂向波浪力表示为

$$F_{w}=F_{a}\cos(\omega t+\varepsilon_{F\zeta})=F_{a}\cos\varepsilon_{F\zeta}\cos(\omega t)-F_{a}\sin\varepsilon_{F\zeta}\sin(\omega t) \tag{5-64}$$

$$F_{a}\cos\varepsilon_{F\zeta}=\zeta_{a}e^{-kT}\{c-a\omega^{2}\}$$

$$F_{a}\sin\varepsilon_{F\zeta}=\zeta_{a}e^{-kT}\{b\omega\}$$

由此可以获得波浪力幅值F_{a}和相位角:

$$\frac{F_{a}}{\zeta_{a}}=e^{-kT}\sqrt{\{c-a\omega^{2}\}^{2}+\{b\omega\}^{2}}$$

$$\varepsilon_{F\zeta}=\arctan\left(\frac{b\omega}{c-a\omega^{2}}\right) \tag{5-65}$$

波浪力幅值正比于波幅ζ_{a},相位角$\varepsilon_{F\zeta}$与波幅无关。波浪力相位角位于$(0,2\pi)$,符号取决于相位角表达式中分子和分母的正负号。

图5－4给出了浮筒垂向波浪力随频率变化曲线。在低频阶段,绕射力贡献相对很小,波浪力趋向于傅汝德－克雷洛夫力。在高频阶段,绕射力对波浪力有影响。当傅汝德－克雷洛夫力变小时,浮筒受到的垂向绕射力变得相对重要。在波浪力的相位频响图上,存在

相位突然变为 π(180°)的情形,这主要是波浪力中的 $F_a\cos(\varepsilon_{F\zeta})$ 项中的绕射力部分随波浪频率的增加而增加,而对应的傅汝德－克雷洛夫力分量随波浪频率的增加而减少,使 $F_a\cos(\varepsilon_{F\zeta})$ 改变符号导致波浪力相位角发生突变。

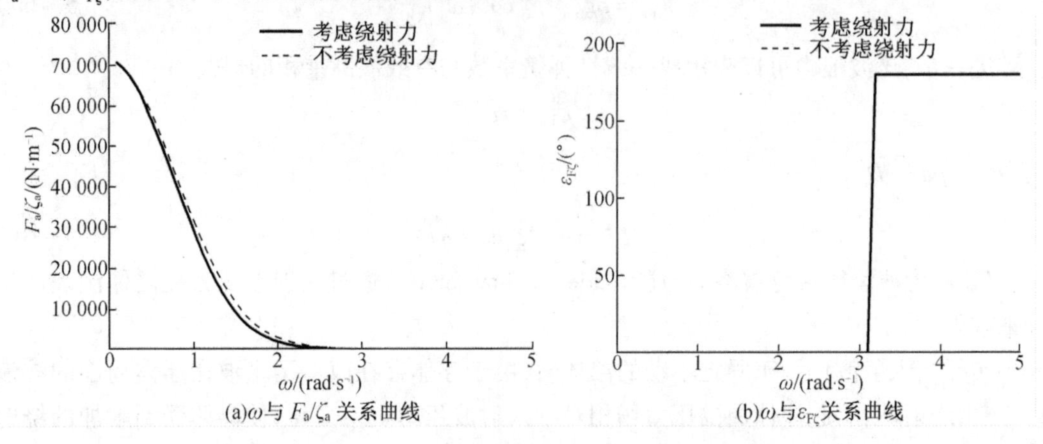

图 5－4　浮筒垂向波浪力随频率变化曲线

3. 规则波中浮体运动响应

在获得浮筒受到的静水中水动力 F_h 和波浪力 F_w 后,代入波浪中浮筒垂向运动方程式,可以得到浮筒在波浪中的运动方程,即

$$m\ddot{z}=F_h+F_w \tag{5-66}$$

用式(5－54)表示静水中水动力 F_h,式(5－63)表示波浪力 F_w,代入运动方程(5－66)后有

$$(m+a)\ddot{z}+b\dot{z}+cz=\zeta_a e^{-kT}(c-a\omega^2)\cos(\omega t)-\zeta_a e^{-kT}(b\omega)\sin(\omega t) \tag{5-67}$$

考虑在简谐波浪激励下的浮筒稳态垂荡响应,假设浮筒垂荡响应为

$$\begin{aligned}z&=z_a\cos(\omega t+\varepsilon_{z\zeta})\\ \dot{z}&=-z_a\omega\sin(\omega t+\varepsilon_{z\zeta})\\ \ddot{z}&=-z_a\omega^2\cos(\omega t+\varepsilon_{z\zeta})\end{aligned} \tag{5-68}$$

将浮筒垂向运动响应表达式代入浮筒垂向运动方程,得到

$$\begin{aligned}&z_a(c-(m+a)\omega^2)\cos(\omega t+\varepsilon_{z\zeta})-z_a(b\omega)\sin(\omega t+\varepsilon_{z\zeta})\\ &=\zeta_z e^{-kT}(c-a\omega^2)\cos(\omega t)-\zeta_a e^{-kT}(b\omega)\sin(\omega t)\end{aligned}$$

进一步将 $\cos(\omega t+\varepsilon_{z\zeta})$ 和 $\sin(\omega t+\varepsilon_{z\zeta})$ 展开,代入上式后,将浮体运动方程表示为

$$\begin{aligned}&z_a(c-(m+a)\omega^2)\cos(\varepsilon_{z\zeta}-(b\omega)\sin\varepsilon_{z\omega})\cos\omega t-\\ &z_a((c-(m+a)\omega^2)\sin(\varepsilon_{z\zeta})+(b\omega)\cos\varepsilon_{z\zeta})\sin\omega t\\ &=\zeta_z e^{-kT}(c-a\omega^2)\cos(\omega t)-\zeta_a e^{-kT}(b\omega)\sin\omega t\end{aligned}$$

将方程中关于 $\cos(\omega t)$ 和 $\sin(\omega t)$ 项分开,可以获得关于 z_a 和 $\varepsilon_{z\zeta}$ 的线性代数方程

$$\begin{aligned}&z_a((c-(m+a)\omega^2)\cos\varepsilon_{z\zeta}-(b\omega)\sin\varepsilon_{z\zeta})\\ &=\zeta_a e^{-kT}(c-a\omega^2)z_a((c-(m+a)\omega^2)\sin\varepsilon_{z\zeta}+(b\omega)\cos\varepsilon_{z\zeta})\\ &=\zeta_a e^{-kT}(b\omega)\end{aligned} \tag{5-69}$$

将式(5－68)和式(5－69)求平方和,可以获得漂浮浮筒的垂荡幅值:

$$\frac{z_{\mathrm{a}}}{\zeta_{\mathrm{a}}}=\mathrm{e}^{-kT}\sqrt{\frac{(c-a\omega^{2})^{2}+(b\omega)^{2}}{(c-(m+a)\omega^{2})^{2}+(b\omega)^{2}}} \tag{5-70}$$

在两个方程中消去$\frac{z_{\mathrm{a}}}{\zeta_{\mathrm{a}}\mathrm{e}^{-kT}}$,可以获得垂荡响应的相位角:

$$\varepsilon_{z\zeta}=\arctan\left(\frac{-mb\omega^{3}}{(c-a\omega^{2})(c-(m+a)\omega^{2})+(b\omega)^{2}}\right),\quad 0\leqslant\varepsilon_{z\zeta}\leqslant 2\pi \tag{5-71}$$

通过以上两式可知垂荡幅值与入射波幅成正比,垂荡响应的相位角与波幅无关。

通常,将幅值和相位响应函数定义如下,两者构成了浮体频域响应特征。

$\frac{F_{\mathrm{a}}}{\zeta_{\mathrm{a}}}(\omega)$、$\frac{z_{\mathrm{a}}}{\zeta_{\mathrm{a}}}(\omega)$为幅值响应函数,或称为幅值响应算子(Response Amplitude Operator)。

$\varepsilon_{F\zeta}$、$\varepsilon_{z\zeta}$为相位角响应函数。

图5－5给出了浮筒垂荡运动的频率响应特征,同时给出了绕射波的影响,表明了浮筒在不同响应频率范围内的动力响应行为。

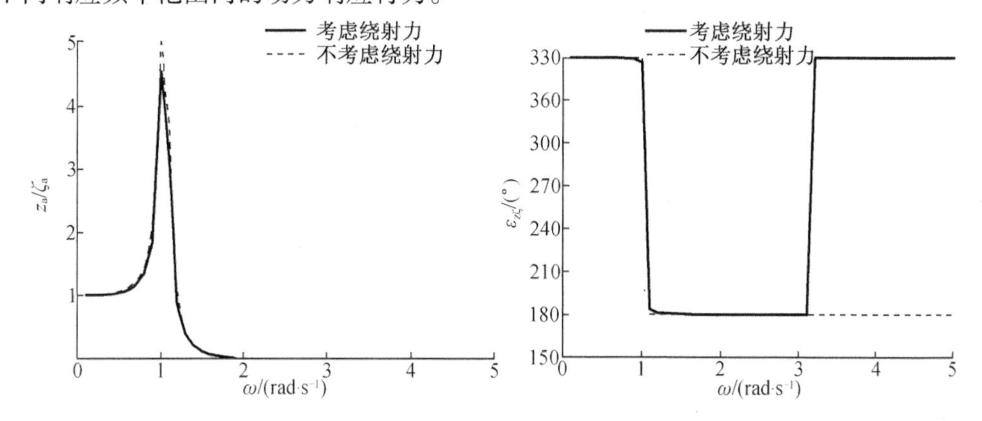

图5－5　水面漂浮浮筒垂荡运动幅值和相位角响应函数

(1)在低频阶段,$\omega^{2}\ll\frac{c}{m+a}$,浮筒垂向运动由弹簧回复力支配。

浮筒运动趋向于与波浪起伏一致,垂荡幅值算子趋向于1,相位角趋向于0。在低频阶段,波长相对于浮筒水平尺度大很多,浮筒将随波浪运动,浮筒运动状态与波浪中的乒乓球运动相同。

(2)在浮筒垂荡运动固有频率处,$\omega^{2}\approx\frac{c}{m+a}$,浮筒运动发生共振,运动大小受阻尼支配。

这会导致在小阻尼情况下浮筒运动出现高共振,浮筒运动相位角出现－π的偏移。

(3)在高频阶段,$\omega^{2}\gg\frac{c}{m+a}$,浮筒垂向运动由质量项支配。

在这个阶段,波浪对浮筒运动影响有限,在整个浮筒水平尺度内,有多个波峰和波谷,波浪载荷作用发生抵消,在浮体垂荡相位响应曲线上产生第二次相位偏移,这主要是由波浪载荷引起的相位偏移。

4. 不规则波中响应

波能谱采用如下方式进行定义：

$$S_{\zeta}(\omega)\mathrm{d}\omega=\frac{1}{2}\zeta_{\mathrm{a}}^{2}(\omega) \tag{5-72}$$

与波能谱定义类似，垂荡响应 $z(\omega,t)$ 的能谱可以定义为

$$S_{z}(\omega)\mathrm{d}\omega=\frac{1}{2}z_{\mathrm{a}}^{2}(\omega)=\left|\frac{z_{\mathrm{a}}}{\zeta_{\mathrm{a}}}(\omega)\right|^{2}\cdot\frac{1}{2}\zeta_{\mathrm{a}}^{2}(\omega)=\left|\frac{z_{\mathrm{a}}}{\zeta_{\mathrm{a}}}(\omega)\right|^{2}\cdot S_{\zeta}(\omega)\cdot\mathrm{d}\omega$$

由此，垂荡运动响应谱可以采用运动响应函数和波浪谱的形式表示：

$$S_{z}(\omega)=\left|\frac{z_{\mathrm{a}}}{\zeta_{\mathrm{a}}}(\omega)\right|^{2}\cdot S_{\zeta}(\omega) \tag{5-73}$$

垂荡响应谱的矩可以表示为

$$m_{nz}=\int_{0}^{\infty}S_{z}(\omega)\cdot\omega^{n}\cdot\mathrm{d}\omega,\quad n=0,1,2,\cdots \tag{5-74}$$

其中，当 $n=0$ 时代表谱面积；当 $n=1$ 时代表一阶矩；当 $n=2$ 时代表谱曲线的惯性矩。

不规则波中垂荡响应的有义幅值可以通过垂荡运动谱密度函数来计算，计算方法与波高有义值类似。垂荡有义值定义为1/3 最大垂荡幅值的平均值，表示为

$$\bar{z}_{\mathrm{a}1/3}=2\cdot RMS=2\sqrt{m_{0z}} \tag{5-75}$$

式中　RMS——均方根值，$RMS=\sqrt{m_{0z}}$。

不规则波中垂荡响应的平均周期可以根据谱心坐标表示如下：

$$T_{1z}=2\pi\cdot\frac{m_{0z}}{m_{1z}} \tag{5-76}$$

另一个垂荡响应的平均跨零周期可以根据谱矩定义如下：

$$T_{2z}=2\pi\cdot\sqrt{\frac{m_{0z}}{m_{2z}}} \tag{5-77}$$

5. 自由衰减试验获得线性阻尼系数

考虑自由浮筒在静水中的自由垂荡运动，描述浮筒重心垂向运动方程可以表示为

$$(m+a)\ddot{z}+b\dot{z}+cz=0 \tag{5-78}$$

如果式(5-78)的阻尼系数 $b=0$，可以简化得到浮筒无阻尼自由垂向运动方程为

$$(m+a)\ddot{z}+cz=0 \tag{5-79}$$

式(5-79)的通解为

$$z=c_{1}\cos\omega_{0}t+c_{2}\sin\omega_{0}t \tag{5-80}$$

式中　ω_0——浮筒自由垂荡无阻尼固有频率，$\omega_0=\sqrt{\dfrac{c}{m+a}}$；

　　c_1、c_2——积分常数，由浮筒运动的初始条件确定。

如果令初始时刻，浮筒初始位移为 z_0，初始垂荡速度为 0，那么此时的浮筒自由垂荡解为

$$z=z_{0}\cos(\omega_{0}t) \tag{5-81}$$

考虑浮筒垂荡方程阻尼系数非零的情况，该方程可以改写为

$$\ddot{z}+2\nu\cdot\dot{z}+\omega_0^2\cdot z=0 \tag{5-82}$$

式中　$2\nu=\dfrac{b}{m+a}$。

该运动方程通解为

$$z(t)=\mathrm{e}^{-\nu\cdot t}(c_1\cos(\omega_z t)+c_2\sin(\omega_z t)) \tag{5-83}$$

式中　$\omega_z=\sqrt{\omega_0^2-\nu^2}$——自由衰减振荡的固有频率。

假设初始时刻 $t=0, z=z_a, \dot{z}=0$，然后自由释放，将初始条件代入该方程，可得到有阻尼垂荡运动方程的解为

$$z=z_a\mathrm{e}^{-\nu\cdot t}\left(\cos(\omega_z t)+\frac{\nu}{\omega_z}\sin(\omega_z t)\right) \tag{5-84}$$

该衰减曲线具有不变的衰减周期

$$T_z=\frac{2\pi}{\omega_z}=\frac{2\pi}{\sqrt{\omega_0^2-\nu^2}}=\frac{2\pi}{\omega_0\sqrt{1-\dfrac{\nu^2}{\omega_0^2}}}=T_0\frac{1}{\sqrt{1-\dfrac{\nu^2}{\omega_0^2}}} \tag{5-85}$$

式中　T_0——浮筒无阻尼自由垂荡的固有周期，$T_0=\dfrac{2\pi}{\omega_0}$；

ν/ω_0——浮体无因次阻尼系数，如4.3节中所述的阻尼比 ζ，即 $\zeta=\nu/\omega_0$

通常，浮体无因次阻尼系数 $\nu/\omega_0<0.2$，即 $\nu^2<\omega_0^2$，有 $T_z\approx T_0$。由此可以看出阻尼的存在使浮筒垂荡运动固有周期稍有增加，但增加很少，可以忽略不计。

根据有阻尼自由垂荡运动方程的解，可得到对数衰减率：

$$\nu\cdot T_z\approx\nu T_0=\ln\left(\frac{z(t)}{z(t+T_z)}\right) \tag{5-86}$$

由此可以确定出浮体受到的无因次阻尼系数 ζ 及阻尼系数 b，具体过程可参见4.3节。

5.8　线性波浪诱导浮体运动和载荷频域分析面元法

1. 面元法求解概述

本章介绍了浮体在波浪中的线性水动力和运动分析方法。评估浮体运动响应关键是确定浮体的辐射和绕射水动力系数，这两个系数需要通过势函数的定解条件来获得。浮体辐射和绕射水动力分析的求解方法对几何形状比较规则的浮体如直立的圆柱体结构或一组圆柱体情况，可以通过速度势特征函数分解，也可以通过解析方法求解。但是对于几何形状不规则的结构来说，只能通过数值方法才可以求解。

对于大型浮体在波浪中水动力分析的数值方法，由于基于势流理论的分析方法较好地体现了浮体和波浪相互作用的波浪效应，因而获得广泛应用。其具体实施上包括边界积分方程方法（也称为边界元法、面元法）、有限元方法等。其中，基于三维频域势流分析的自由面格林函数边界元法（三维脉动源格林函数法）已广泛用于浮体三维绕射和辐射水动力分

析，有多个基于边界元法的三维水动力分析软件程序可供使用。其中最广泛使用的软件是美国麻省理工学院开发的 WAMIT 软件、法国船级社开发的 HYDROSTAR 软件和 Ansys 公司开发的 Aqwa 软件包等。

基于自由面格林函数的边界元法用于浮体在波浪中的线性水动力和运动分析，其核心内容是以流场辐射和绕射速度势为未知量，运用格林公式在浮体平均湿表面、平均自由面、水底面、远方控制面形成与流场势函数和自由面格林函数有关的边界积分方程。其中一种类型的方法是在平均湿表面上布置奇点源（和汇），另一种方法是在物体的平均湿表面上布置混合分布奇点源、汇和偶极子。因为自由面格林函数满足拉普拉斯方程和相关边界条件（底部、自由面、无限远控制面辐射条件），最终边界积分方程中仅存在浮体平均湿表面上物面积分的贡献。利用浮体湿表面满足的不可穿透条件来建立数值离散积分方程，获得浮体湿表面上离散的流场辐射势和绕射势数值解。

对于导管架结构、立管和锚链等小尺度构件，流体振荡与物体摇荡的幅度与物体横截面尺寸相比不再是小量，此时流体分离显著，基于势流的面元法不再适用。

此外，面元法仅能预报由辐射兴波引起的阻尼，但不适宜预报在横摇谐摇周期附近的船体横摇运动，因为横摇产生的辐射兴波阻尼力矩很小，而由流体分离产生的黏性阻尼十分显著。另外，对极端海况下 TLP 等平台的波浪激励预报，面元法不能给出物理上的正确答案，但黏性效应很重要。

2. 浮体线性水动力分析面元法边界积分方程的建立

前面已经提到，采用面元法求解浮体水动力的核心问题是求解在浮体湿表面上形成的边界积分方程。下面说明该积分方程是如何形成的。

式（5-31）中已经给出了流场扰动势 $\phi_j (j=1,2,\cdots,7)$ 的定解条件，其定解条件包括在流体域 Ω 内满足拉普拉斯方程，在浮体平均湿表面周界 S_{b0}、线性自由面 S_F、水底 S_D 和无穷远控制面 S_C 上满足对应的边界条件。我们从格林第二公式出发建立相应的边界积分方程。

为此，引入另一个空间场函数 $\psi(q)$，其在流域 Ω 中具有二阶导数，在流域边界上具有一阶导数。根据格林第二公式，可以得到的方程如下：

$$\iint_{S_{b0}+S_F+S_D+S_C}\left(\varphi_j \frac{\partial \psi}{\partial n_q} - \psi \frac{\partial \varphi_j}{\partial n_q}\right)\mathrm{d}S_q = \iiint_{\Omega}(\phi_j \nabla^2 \psi - \psi \nabla^2 \phi_j)\,\mathrm{d}v \tag{5-87}$$

式中点 q 表示流体域和边界上的动点，n 表示流域边界上的法向矢量，由流域 Ω 指向外部为正方向。

令 p 点是流体域中的一固定点，用 r_{pq} 表示定点 p 到动点 q 之间的距离，引入流场域中的标量函数 $\psi(q)=\dfrac{1}{r_{pq}}$，这个函数的显著特征是当 p 点和 q 点重合时函数值无穷大，该点函数值不连续，高阶导数不存在。

该函数我们并不陌生，在流体力学的势流理论部分，它表示三维空间中的基本点源产生的速度势。可以证明 $\psi(q)=\dfrac{1}{r_{pq}}$ 在不包含点 p 的流域内适合拉普拉斯方程，数学上描述为

$$\nabla_q^2 \frac{1}{r_{pq}} = 0 \quad (\text{当 } q \text{ 点与 } p \text{ 点不重合时})$$

以定点 p 为中心，以 ε 为半径作一个小球 v_ε，取 ε 足够小，使域 v_ε 完全包含在流域 Ω 内，用 s_ε 表示该小球面。在流域 $\Omega - v_\varepsilon$ 中对函数 ϕ_j 和$\dfrac{1}{r_{pq}}$应用式(5－87)，有

$$\iint\limits_{S_{b0}+S_F+S_D+S_C+S_\varepsilon}\left[\phi_j(q)\frac{\partial}{\partial n_q}\left(\frac{1}{r_{pq}}\right)-\frac{1}{r_{pq}}\frac{\partial\phi_j(q)}{\partial n_q}\right]\mathrm{d}S_q=\iiint\limits_{\Omega-v_\varepsilon}\left(\phi_j\nabla^2\frac{1}{r_{pq}}-\frac{1}{r_{pq}}\nabla^2\phi_j\right)\mathrm{d}v=0 \tag{5-88}$$

易知，在 $S_\varepsilon(p)$ 上 n_q 与 r_{pq} 反向，所以有

$$\iint\limits_{S_\varepsilon}\phi_j(a)\frac{\partial}{\partial n_q}\left(\frac{1}{r_{pq}}\right)\mathrm{d}S_q=-\iint\limits_{S_\varepsilon}\phi_j(q)\frac{\partial}{\partial r_{pq}}\left(\frac{1}{r_{pq}}\right)\mathrm{d}S_q=\frac{1}{\varepsilon^2}\iint\limits_{S_\varepsilon}\phi_j(q)\mathrm{d}S_q=4\pi\phi_j(p) \tag{5-89}$$

式(5－89)中最后一个等号来自平均值公式。类似地利用平均值公式，对在 $S_\varepsilon(p)$ 面上式(5－88)的另一个积分，可知

$$\iint\limits_{S_\varepsilon}\frac{1}{r_{pq}}\frac{\partial\phi_j(q)}{\partial n_q}\mathrm{d}S_q=\frac{1}{\varepsilon}\iint\limits_{S_\varepsilon}\frac{\partial\phi_j(q)}{\partial n_q}\mathrm{d}S_q=0 \tag{5-90}$$

由此得

$$\phi_j(p)=\frac{1}{4\pi}\iint\limits_{S_{b0}+S_F+S_D+S_C}\left[\frac{1}{r_{pq}}\frac{\partial\phi_j(q)}{\partial n_q}-\phi_j(q)\frac{\partial}{\partial n_q}\left(\frac{1}{r_{pq}}\right)\right]\mathrm{d}S_q \tag{5-91}$$

式(5－91)也称为格林第三公式。这个公式告诉我们，适合拉普拉斯方程的函数 $\phi_j(p)$ 在流域内 Ω 任一点的值都可以用边界上的值 $\phi_j(q)$ 和法向导数$\dfrac{\partial\phi_j(q)}{\partial n_q}$来表示，或者说在流域边界上布置分布源（源强度为$\dfrac{\partial\phi_j(q)}{\partial n_q}$）和沿边界法线方向的分布偶极（偶极强度为 $\phi_j(q)$）便可描述流域内的势函数。

在采用式(5－91)分析浮体在波浪中运动的流场扰动势 $\phi_j(p)$ 时，需要在流域内 Ω 的所有边界都布置分布源（汇）和偶极子，工作量较大。针对 $\phi_j(p)$ 所满足的定解问题，如果适当地对奇点函数$\dfrac{1}{r_{pq}}$进行修正，仅在浮体平均湿表面满足边界积分方程，可使数值分析极大简化。

为此，引入自由面格林函数 $G(p,q)$，表示成如下形式：

$$G(p,q)=\frac{1}{r_{pq}}+H(p,q) \tag{5-92}$$

式中，$H(p,q)$ 实际上是奇点源$\dfrac{1}{r_{pq}}$的修正项，在流域 Ω 内没有奇异性。

对 $G(p,q)$ 构造定解条件，与 $\phi_j(p)$ 相比，使 $G(p,q)$ 满足除去物面条件的所有条件：

$$\left.\begin{aligned}&\nabla_q^2G(p,q)=0\quad（当 q 点与 p 点不重合时）\\&\frac{\partial G}{\partial z}-\frac{\omega^2}{g}G=0,\quad z=0\\&\frac{\partial G}{\partial z}=0,\quad z=-h 或 \nabla G\to 0,\quad z\to-\infty\\&\lim_{\rho\to\infty}\sqrt{\rho}\left(\frac{\partial G}{\partial\rho}-\mathrm{i}k_0G\right)=0,\quad\rho=\sqrt{x^2+y^2}\end{aligned}\right\} \tag{5-93}$$

式(5-93)中的$p(x,y,z)$是动点,$q(\xi,\eta,\zeta)$是点源所在的固定点,$\zeta<0$。

满足上述定解条件的格林函数称为自由面格林函数。在水深为无穷的情况下,戴遗山、段文洋给出无限水深三维频域无航速格林函数为

$$G(p,q)=\frac{1}{r_{pq}}+\frac{1}{r_{p\bar{q}}}+2\nu\int_L\frac{1}{k-\nu}\mathrm{e}^{k(z+\zeta)}\mathrm{J}_0(kR)\,\mathrm{d}k \tag{5-94}$$

式中　L——围绕$\nu=\dfrac{\omega^2}{g}$的积分围道,在点ν附近绕其下半周通过,$\nu=\dfrac{\omega^2}{g}$。

以上推导是以p点为动点,q点为固定点完成的。实际上如果把q点看作动点,p点看作固定点,即$q(\xi,\eta,\zeta)$是变数,而把$p(x,y,z)$看作常数,仍可得到相同的格林函数表达式,只不过在描述G的定解条件时,把线性自由面条件写成

$$\frac{\partial G}{\partial\zeta}-\frac{\omega^2}{g}G=0,\quad \zeta=0 \tag{5-95}$$

在获得了自由面格林函数$G(p,q)$后,对流场势函数$\phi_j(q)$和$G(p,q)$(在物面)在浮体平均湿表面周界S_{b0}、线性自由面S_F、水底S_D和无穷远控制面S_C上应用格林公式(5-91),当点p在流域Ω内时,考虑$G(p,q)$中包含的奇点函数$\dfrac{1}{r_{pq}}$的影响,类似地可以推导获得

$$\phi_j(p)=\frac{1}{4\pi}\iint_{S_{b0}+S_F+S_D+S_C}\left[G(p,q)\frac{\partial\phi_j(q)}{\partial n_q}-\phi_j(q)\frac{\partial G(p,q)}{\partial n_q}\right]\mathrm{d}S_q \tag{5-96}$$

式中单位法向量n指向空间域外,浮体湿表面S_{b0}指向浮体内部。由底部条件和远方辐射条件可知底面S_D和控制面S_C上的积分都是趋近于零的。此外,由线性自由面条件可知,自由面上的积分也等于零,于是仅剩下物面上的积分:

$$\phi_j(p)=\frac{1}{4\pi}\iint_{S_{b0}}\left[G(p,q)\frac{\partial\phi_j(q)}{\partial n_q}-\phi_j(q)\frac{\partial G(p,q)}{\partial n_q}\right]\mathrm{d}S_q \tag{5-97}$$

式中p是流场中的一点,流场速度势$\phi_j(p)$可以应用分布在自由面上未知强度的源(汇)和偶极子来表示。一旦通过数值方法确定物面上的势函数$\phi_j(q)$及其法向导数$\dfrac{\partial\phi_j(q)}{\partial n_q}$,流场中任意一点的流场势函数$\phi_j(p)$就知道了,可以确定浮体受到的辐射水动力系数和绕射力系数,进一步分析浮体在波浪中的运动响应。

式(5-97)右端表达式中既有分布源,又有分布偶极,称为混合分布模型。

这里给出了求解流场扰动势的源偶混合分布模型。实际上,流场扰动势的求解还有另外一种分布源模型。该模型是在源偶混合分布模型的基础上,用v_i表示在浮体S_{b0}内部以$\zeta=0$为顶点的空间域,取一个在v_i中满足拉普拉斯方程,并且满足以下边界条件的内部解$\psi_j(p)$:

$$\frac{\partial\psi_j(p)}{\partial\zeta}-\nu\psi_j=0,\zeta=0\quad 在S_{b0}上\ \psi_j=\phi_j \tag{5-98}$$

如果上述内部解存在,则对$\psi_j(p)$和$G(p,q)$在域v_i中使用格林公式,这里的点p和式(5-98)中的点p是同一个点,即它在物面外部流场中,不在v_i中,所以$G(p,q)$在v_i中无奇点,直接应用式(5-87),并且利用格林函数$G(p,q)$和$\psi_j(p)$满足的自由面条件,可知内部$\zeta=0$积分贡献为零,因此有边界积分方程如下:

$$\iint_{S_{b0}}\left[G(p,q)\frac{\partial\psi_j(q)}{\partial n_q}-\psi_j(q)\frac{\partial G(p,q)}{\partial n_q}\right]\mathrm{d}S_q=0 \tag{5-99}$$

把式(5-97)和式(5-99)相减,并且注意式(5-98)中的物面条件,便得到 $\phi_j(p)$ 的分布源积分方程表达式

$$\phi_j(p)=\iint_{S_{b0}}\sigma_j(q)G(p,q)\mathrm{d}S_q(p\text{ 在流场中}) \tag{5-100}$$

其中 $\sigma_j(q)$ 表示分布源密度,表达为

$$\sigma_j(q)=\frac{1}{4\pi}\left(\frac{\partial\phi_j}{\partial n}-\frac{\partial\psi_j}{\partial n}\right) \tag{5-101}$$

用式(5-31)中物面条件决定分布源密度 $\sigma_j(q)$。这里要注意的是 ϕ_j、$\sigma_j(q)$ 和 $G(p,q)$ 都是复数值函数。

这里再对浮体水动力分析的不规则频率问题做说明。用分布源方程(5-100)表示流场扰动速度势 $\phi_j(p)$ 的前提是存在满足边界条件(5-98)和拉普拉斯方程的内部解 $\psi_j(p)$。可是这种内部解不总存在,当 $\nu=\frac{\omega^2}{g}$ 取一些特殊值,即频率 ω 取一些特殊值时,上述内部解不存在,因此称这些特殊频率为不规则频率。在不规则波频率处,分布源模型获得的数值解 $\phi_j(p)$ 无效。现在已经有一些去除浮体分布源积分方程不规则波频率模型的措施,并且在水动力分析中得到了应用。

3. 积分方程数值离散求解方法

求解上述流场扰动势的源偶混合分布边界积分方程或者分布源边界积分方程,常用的数值计算方法就是采用数值离散法将边界离散为若干单元,建立以单元节点的函数值为未知量的边界元线性代数方程组,求解线性代数方程组后可获得边界上所有节点的函数值及法向导数值。以上介绍的方法是赫斯-史密斯方法,其基本方法在戴遗山和段文洋的著作中有完整介绍。

在获得了浮体湿表面上的诱导速度势 $\phi_j(p)$ 后,可以按照式(5-36)和式(5-37)计算浮体受到的辐射和绕射水动力载荷系数,可进一步完成浮体在波浪中诱导运动的计算。

另外,无论是采用分布源模型还是源偶混合分布模型,都要涉及格林函数 $G(p,q)$ 及其导数的数值计算问题。目前在船舶领域已有不少数值计算成果,可参考相关文献。

在将上述方法用于浮体在波浪中水动力分析时,首先需要对浮体进行几何建模和面元划分,对于面元划分,有些需要注意的地方,这里说明一下。

(1)对于本章目前介绍的浮体线性水动力分析来说,浮体湿表面面元网格划分仅需要在平均湿表面以下湿表面上进行;

(2)浮体受到的水动力分析结果与浮体几何离散的面元网格有关,面元的大小应与波长相比较小(一般为相对波长的1/20或1/10);

(3)面元的大小应考虑船体几何尺寸的变化率,特别是靠近速度势迅速变化的锐角处。

5.9 线性波浪诱导运动和载荷的切片与长波近似

1. 细长几何物体流体动力评估的切片法与长波近似

海洋结构中的浮体，如船体、半潜式平台的浮箱、立柱等，常为长度较其横剖面尺寸大得多的结构。对于这类细长构件，当波浪经过并引起浮体运动时，附近流体将在主要垂直于浮体轴线的平面内流动，因此可将作用在整个浮体上的流体动力（静水恢复力、辐射水动力、入射波主干扰力、绕射力）由各个横剖面“切片”上的流体动力叠加得到，这便是工程上常用的切片法。

对于船舶水动力分析的切片理论，其发展和应用已经有很长的历史，但由于其计算快捷，结果可靠，可用于有航速船舶水动力和运动评估，目前仍然是评估船舶耐波性能和波浪诱导载荷最为实用的工具。它首先是由 Korvin - Kroukovsky 应用空气动力学中的细长体理论提出的。Korvin - Kroukovsky 和 Jocobs 对该理论做了进一步的完善和发展，形成了所谓的普通切片法（Original Strip Theory）。Tasai 和 Grim and Schenzle 将切片理论用于船舶在斜浪中的横向预报之中。20 世纪 60 年代末期，很多学者基于不同的假设，提出了各种切片理论，如 Ogilvie 和 Tuck 从数学上更为一致的角度在短波近似下对细长体问题进行系统分析，得到的合理切片法（Rational Strip Theory）；Tasai 和 Takaki 得到的新切片法（New Strip Theory）；Salvesen、Tuck 和 Faltinsen 基于细长体假设和高频低速假定得到的 STF 法等。

按照切片法思想，在零航速情况下作用在船体横剖面上的流体辐射力载荷可以表示为

$$f_{Rj} = \sum_{k=2}^{4}(-a_{jk}\ddot{\eta}_k - b_{jk}\dot{\eta}_k),\quad j = 2,3,4,\quad k = 2,3,4 \tag{5-102}$$

式中的 a_{jk}、b_{jk} 表示船体横剖面相对运动基点做横荡（$k=2$）、垂荡（$k=3$）和横摇运动（$k=4$）引起的附加质量和兴波阻尼系数，$\dot{\eta}_k$ 和 $\ddot{\eta}_k$ 表示对应的运动速度和加速度。在辐射水动力系数的数值求解上，基于势流理论建立船体横剖面辐射运动速度势的边值问题，用多级展开法、二维水动力边界积分方程来求解。一般地，船体水下横剖面关于中纵剖面对称，此时非零的剖面水动力系数为 a_{22}、a_{33}、a_{44}、a_{24}、a_{42}，b_{22}、b_{33}、b_{44}、b_{24}、b_{42}，即垂荡运动与横荡和横摇运动无耦合。

对于流体绕射力载荷，可仿照辐射水动力系数的求解方法直接进行数值求解。当入射波波长相对于细长船体（浮体）截面尺寸足够大时，可以利用“相对运动”假设（也称“长波”假设），将二维浮体绕射力载荷计算转化为更方便的辐射力载荷来近似。按照“相对运动”假设，在二维浮体横截面上取波浪代表点$(x,0,-\overline{T})$，设该点入射波水平和垂向速度为 u_y、u_z。在来波波长相对于浮体截面尺度足够大时，认为浮体周围的入射波浪场较为均匀，由代表点流场来表示。这样将波受二维浮体扰动绕射波载荷问题转化为二维浮体以代表点来波速度反向运动的辐射水动力载荷求解问题，此时船体剖面受到的绕射水动力载荷为

$$f_{Dj} = \sum_{k=2}^{3}(a_{jk}\dot{u}_k + b_{jk}u_k),\quad j = 2,3,4,\quad k = 2,3 \tag{5-103}$$

式中，当 $k=2$ 时，$u_k = u_y$，当 $k=3$ 时，$u_k = u_z$。

二维浮体受到的波浪主干扰力载荷来自入射波压力在浮体周界上的积分，对应于式(5－12)给出的入射波表达式，其线性水动压力为

$$p_{\mathrm{w}} = -\rho\frac{\partial\phi_0}{\partial t} = \rho g\zeta_{\mathrm{a}}\mathrm{e}^{k_0 z}\cos(\omega t - k_0(x\cos\beta + y\sin\beta)) \tag{5-104}$$

则浮体剖面受到的波浪主干扰力可以表示为

$$f_{\mathrm{FK}j} = \int_C p_{\mathrm{w}} n_j \mathrm{d}l,\quad j = 2,3,4 \tag{5-105}$$

式中 n_j——浮体周界上的法向矢量，由流体域指向浮体内部。当$j=2,3$时，表示法矢量在水平和垂向投影。当$j=4$时，表示横摇水动力矩作用的广义法矢量，当运动基点位于oyz平面原定时，$n_4 = yn_z - zn_y$。

如果浮体剖面完全浸没于水下，在"长波"假设情况下剖面受到的入射波浪力还可以进一步简化。Faltinsen以一直立海底并且穿出水面的垂直圆柱体为例，通过长波假设和"相对运动"观点，推导给出了作用在圆柱体水平截面单位长度上的水平波浪力，其具体形式如下：

$$F_{\mathrm{FK}} = \rho\pi R^2 a_1 + A_{11}a_1 = \rho\pi R^2 a_1 + \rho\pi R^2 a_1 = \rho\pi R^2(1 + c_{\mathrm{a}})a_1 \tag{5-106}$$

式中 R——直立圆柱体半径；

a_1——入射波浪流体质点水平方向加速度，在圆柱体轴心取值；

A_{11}——圆柱体水面截面振荡运动的无界流附加质量系数，对圆柱体来说与排水体积相等；

c_a——无因次的附加质量系数，定义为附加质量与浮体自身排水量之比，$c_{\mathrm{a}} = \dfrac{A_{11}}{\rho\pi R^2}$。

我们可以看出波浪力载荷包含了两部分，第一部分$\rho\pi R^2 a_1$来自波浪主干扰力，在长波假设下做了简化近似，表示成振荡流加速度与排水体积的乘积。第二部分来自波浪绕射力的影响，在长波假设下采用相对运动原理用柱体辐射水动力系数来表示。

对浸没于水下的小体积结构物(小体积结构物是指波长λ比物体的特征截面尺寸大)。利于垂向圆柱$\lambda > 5D$(D指圆柱直径)。如果整个表面是湿的，物体受到的入射波力可以表示为如下形式：

$$\iint_S p_{\mathrm{w}} n_i \mathrm{d}s = \rho V a_i \tag{5-107}$$

式中 p_{w}——未扰动波浪场压强；

$\boldsymbol{n} = (n_1, n_2, n_3)$——物面单位法矢量，指向物体内部为正，积分沿物体平均湿表面；

V——排水体积。

对于一般细长的柱体结构，式(5－107)同样适用于评估作用在柱体截面上的入射波浪力，此时的V取柱体横截面积。

此时波浪力公式可以表示为

$$\left.\begin{aligned} F_{\mathrm{w}} &= F_{\mathrm{w1}}\boldsymbol{i} + F_{\mathrm{w2}}\vec{j} + F_{\mathrm{w3}}\boldsymbol{k} \\ F_{\mathrm{w}i} &= \rho V a_i + A_{i1}a_1 + A_{i2}a_2 + A_{i3}a_3 \end{aligned}\right\} \tag{5-108}$$

此外，a_1、a_2和a_3是未受扰动流场沿x、y、z轴的加速度分量，并且是在物体的几何中心

评估(相对运动概念下的波浪代表点)。

2. 半潜式平台波浪载荷切片法评估

对于像半潜式平台这样的浮体结构,其结构形式是比较复杂的。按照不同形式可以分为几类:(1)体积较大具有不同截面形状的水下浮箱;(2)直径较大的直立圆柱(立柱);(3)不同直径及指向的圆柱(斜撑)。

对于水下浮箱,由于其体积大,通常占平台排水量的相当大部分。在大多数情况下,水平浮箱是水平的具有不同剖面的细长体。可用切片理论来计算浮箱上的流体辐射力和波浪力载荷。因浮箱完全浸没于水下,可以用式(5-103)、式(5-107)评估作用于浮箱截面上的波浪力,在进行具体评估时,因浮箱离开水面较远,通常忽略水动力载荷中势流阻尼的贡献,即不考虑自由面效应,此时波浪力评估公式可用式(5-108)。但需要注意的是在半潜式平台水下浮箱与立柱连接处的入射波主干扰力评估,此时在使用式(5-108)时,需要扣除作用在立柱底面上的入射波载荷。

对于立柱结构,属于穿过自由面的垂直圆柱体,其水平截面尺度与其高度相比较小,也可看作一个细长体,可以按照切片法思想来计算流体辐射力和波浪力载荷水平分量,此时剖面的水动力系数常按无界流中二维柱体结构振荡运动水动力系数来近似,即不考虑自由面效应,辐射力载荷中仅考虑附加质量力贡献,式(5-108)也是适用的。

对于立柱上垂向波浪力计算,由于垂直方向上立柱不再是细长结构,切片理论不再适用。为估算作用在立柱上结构的垂直波浪力,一种近似是只考虑作用在底部结构上的入射波力载荷,不考虑绕射力。

对于斜撑一类的小直径圆柱构件,作用在上面水动力中黏性力贡献较大,可以采用 Morison 公式来求其流体动力,相关方法在本书第 3 章做了介绍。

对于上述半潜式平台波浪载荷评估方法,是建议在下列步骤和假设基础之上的:

(1)计算每个半潜式平台结构构件(支柱和浮筒)上的力,将每个构件视为单体,没有考虑水下浮箱及立柱之间的流体干扰效应;

(2)对于每个构件,应用切片理论;

(3)借助无界流中附加质量系数,将每个切片上的作用力与入射流的局部加速度联系在一起,考虑到流的 *KC* 数很小,忽略黏性阻尼项。

需要注意的是在半潜式平台垂荡、纵摇和横摇运动的共振峰值位置,下浮箱和立柱底端因剧烈运动带来的流体黏性分离将耗散平台运动的能量,使共振运动响应得到抑制,在平台运动评估中需要考虑该影响。

3. 半潜式平台垂荡运动响应特性分析

半潜式平台的垂荡运动性能对平台作业和安全来说是非常重要的。一方面,优良的垂向运动性能有利于钻井作业,提高平台作业率。另一方面,优良的垂向运动性能对减缓波浪对平台下甲板的砰击作用也是有利的。

本书讲述了半潜式平台波浪载荷评估的简化方法。这一方法可以用于分析半潜式平台的垂荡运动特性,研究改善半潜式平台垂荡运动性能的措施。Faltinsen 采用切片法对某半潜式平台垂向波浪载荷和运动进行了评估,在此基础上研究了垂荡运动与平台吃水间的影响关系。类似的,Molin 针对一个简化的半潜式平台构型,分析了平台的垂荡运动响应规律,下文参考他的分析方法,给出半潜式平台垂荡运动响应特性,此方法对理解半潜式平台垂荡运动特征和响应特征有很好的参考价值。

针对仅有一个下浮筒和一个垂向立柱组成的简化半潜式平台,讨论其升沉运动。假设立柱为圆型剖面,半径为 R_C,吃水为 d,下浮筒横截面积为 S_p,长度为 L_p,其截面关于 oyz 平面对称。假设下浮筒轴线足够靠近立柱底部,从而可用吃水 d 处垂向速度表示浮筒轴线处垂向速度。

对于无限水深情况,假设入射波向垂直于浮筒方向传播,对照式(5－12),令 $\beta=0°$,得入射波速度势为

$$\Phi_I(x,z,t)=\frac{g\zeta_a}{\omega}e^{k_0 z}\sin(k_0 x-\omega t) \tag{5-109}$$

对应的坐标原点处线性波面起伏为

$$\zeta(t)=-\frac{1}{g}\frac{\partial\Phi_I}{\partial t}\bigg|_{z=0,x=0}=\zeta_a\cos(\omega t) \tag{5-110}$$

假设平台垂向运动与其他自由度运动不耦合,在规则波作用下其稳态摇荡运动方程为

$$(m+A_{33})\ddot{z}+B_{33}\dot{z}+C_{33}z=F_w \tag{5-111}$$

式中　m——平台排水量;

A_{33}——平台垂荡附加质量;

B_{33}——垂荡阻尼系数;

C_{33}——垂荡静水恢复力系数;

F_w——浮筒受到的垂向波浪力。

按照平台的静力平衡关系,平台质量用浮筒和立柱排水体积表示如下:

$$m=\rho(V_c+V_p)=\rho(\pi R_c^2 d+S_p L_p) \tag{5-112}$$

式中　V_c——立柱排水体积;

V_p——下浮筒排水体积。

采用切片理论确定平台的垂荡附加质量 A_{33} 和兴波阻尼系数 B_{33},分别考虑下浮筒和立柱两部分的贡献。对于下浮筒,按照切片法思想,假定其剖面垂荡附加质量系数为 a_{33},兴波阻尼系数为 b_{33},假定下浮筒远离水面,兴波效应较小,近似认为 $b_{33}\approx 0$。故下浮筒剖面垂荡辐射力表示为

$$dF_{R3}=-a_{33}\ddot{z}dy \tag{5-113}$$

全浮筒受到的垂荡辐射力为

$$F_{R3}=-\int_{L_p}a_{33}\ddot{z}dy=-a_{33}L_p\ddot{z} \tag{5-114}$$

立柱的垂荡运动辐射力理论上是存在的,但不能用切片法评估,假设其较小,不考虑其贡献。

故整个平台辐射力为

$$F_R=-A_{33}\ddot{z}-B_{33}\dot{z}=-a_{33}L_p\ddot{z} \tag{5-115}$$

由此按切片法估算的垂荡附加质量 $A_{33}=a_{33}L_p$,$B_{33}=0$。

对于半潜式平台的垂荡静水恢复力系数,按式(5－41),知

$$C_{33}=\rho gA_{wp}=\rho g\pi R_c^2 \tag{5-116}$$

再来分析半潜式平台受到的垂向波浪力 F_w。对于垂向绕射力评估，按照相对运动观点评估思路与辐射水动力类似，仅考虑下浮筒贡献。

$$F_{d3}=\int_{L_p} a_{33}\dot{u}_z\mathrm{d}y=a_{33}L_p\dot{u}_z \tag{5-117}$$

式中　$\dot{u}_z$——下浮筒轴线处来波流体质点垂向加速度，由来波速度势表达式，可知

$$\dot{u}_z=\left.\frac{\partial^2\Phi_I}{\partial t\partial z}\right|_{z=-d,x=0}=-gk_0\zeta_a\mathrm{e}^{-k_0d}\cos(\omega t) \tag{5-118}$$

故有

$$F_{d3}=-a_{33}L_pgk_0\zeta_a\mathrm{e}^{-k_0d}\cos(\omega t) \tag{5-119}$$

对于垂向波浪主干扰力，需要注意在半潜式平台水下浮箱与立柱连接处的入射波主干扰力评估。具体评估时将入射波压力沿着湿表面积分，等价为下浮筒完全与水接触时的垂向波浪力评估再加上入射波压力对直立圆柱底面施加的入射波载荷。在长波假设下，整个半潜式平台受到的垂向波浪力为

$$F_{FK3}=\int_{L_p}\rho S_p\dot{u}_z\mathrm{d}y+p_w\pi R_c^2 \tag{5-120}$$

式中　$\dot{u}_z$——评估同浮筒绕射力分析；

　　p_w——立柱底面中心点入射波压力，取为

$$p_w=-\rho\left.\frac{\partial\Phi_I}{\partial t}\right|_{z=-d,x=0}=\rho g\zeta_a\mathrm{e}^{-k_0d}\cos(\omega t) \tag{5-121}$$

故半潜式平台受到的垂向波浪力为

$$F_{FK3}=-\rho S_pL_pgk_0\zeta_a\mathrm{e}^{-k_0d}\cos\omega t+\rho g\zeta_a\pi R_c^2\mathrm{e}^{-k_0d}\cos(\omega t) \tag{5-122}$$

将半潜式平台受到的垂向绕射力和波浪主干扰力合并，可得

$$F_w=-(a_{33}+\rho S_p)L_pgk_0\zeta_a\mathrm{e}^{-k_0d}\cos(\omega t)+\rho g\pi R_c^2\zeta_a\mathrm{e}^{-k_0d}\cos(\omega t) \tag{5-123}$$

定义无因次附加质量系数 $C_m=\dfrac{a_{33}}{\rho S_p}$，于是总的垂向波浪力可以表示为

$$F_w=(V_c-(1+c_m)k_0dV_p)\frac{\rho g\zeta_a}{d}\mathrm{e}^{-k_0d}\cos(\omega t) \tag{5-124}$$

将以上辐射水动力系数、静水恢复力系数、波浪力表达式代入平台垂荡运动方程，有

$$\rho(V_c+(1+C_m)V_p)\ddot{z}+\rho g\frac{V_c}{d}z=(V_c-(1+c_m)k_0\mathrm{d}V_p)\frac{\rho g\zeta_a}{d}\mathrm{e}^{-k_0d}\cos(\omega t) \tag{5-125}$$

设半潜式平台垂荡运动方程的稳态解为 $z=z_a\cos(\omega t)$，定义 α 为浮筒“表观”排水量与支柱“表观”排水量之比

$$\alpha=\frac{(1+C_m)V_p}{V_c} \tag{5-126}$$

可以确定平台运动稳态解为

$$z=\zeta_a\frac{\left(\dfrac{g}{d}-\alpha\omega^2\right)\mathrm{e}^{-k_0d}}{\dfrac{g}{d}-\omega^2(1+\alpha)}\cos(\omega t) \tag{5-127}$$

从式(5－127)可知，当 $\omega^2 = \frac{g}{d}\frac{1}{\alpha} = \omega_e^2$ 时，平台垂荡运动为零，其原因是此时平台受到的垂向波浪力为零，称 $T_e = \frac{2\pi}{\omega_e}$为平衡周期。

另一方面，由半潜式平台垂荡运动方程，可知其无阻尼垂荡运动固有频率 ω_0 为

$$\omega_0 = \sqrt{\frac{C_{33}}{m + A_{33}}} = \sqrt{\frac{g}{d}\frac{1}{1+\alpha}} \tag{5-128}$$

由此可见半潜式平台的固有频率和平衡周期实际上与平台吃水 d、浮筒与立柱排水量之比 α 相关，总的趋势是立柱吃水 d 越深，排水量之比 α 越大，其固有频率越低，平衡周期越大。

另外，ω_e 与 ω_0 之间的关系为$\frac{\omega_e}{\omega_0} = \sqrt{\frac{1+\alpha}{\alpha}}$。其比值大于1，也就是说半潜式平台垂荡固有周期大于平衡周期。由于 α 较大，故平衡周期和固有周期很接近。

我们再看半潜式平台垂荡运动位移表达式，影响其运动性能的首先是立柱吃水，增加立柱吃水可以显著降低平台垂荡幅值。此外，平台运动性能还与无因次系数 α 相关。

根据 ω_e 与 ω_0 的定义，代入平台运动位移表达式，其垂荡运动也可以表示为

$$z = \zeta_a \frac{\omega_0^2}{\omega_e^2}\frac{\omega^2 - \omega_e^2}{\omega^2 - \omega_0^2} e^{-k_0 d}\cos(\omega t) \tag{5-129}$$

由式(5－129)可知当波浪激励频率 ω 大于 ω_e(或波浪激励周期效应平衡周期时)，垂荡位移与波浪同相位，这对减少波浪和平台垂向相对运动和增加气隙是有利的。当波浪激励频率 ω 小于 ω_e 而大于 ω_0(或者说波浪激励周期位于平衡周期和固有周期之间时)，垂荡位移与波浪相位相反，当波峰经过时，平台下沉，这会增加波浪与平台垂向相对运动，减少气隙，此时更容易发生甲板受波浪拍击问题。

通过具体的一个例子来展示半潜式平台垂荡运动响应特征。取立柱吃水为20 m，改变参数值 α(或者改变$\frac{\omega_e}{\omega_0}$)后就可以确定一条完整的垂荡运动幅值响应曲线，可以考察参数值 α 对半潜式平台垂荡运动响应的影响。

如图5－6所示为在不同$\frac{\omega_e}{\omega_0}$情况下，升沉传递函数随$\frac{\omega}{\omega_0}$的变化，从图中可看出，在垂荡运动幅值响应曲线上有一个频率点 ω_e 运动幅值为零，该点对应垂荡波浪力为零的点，对应的波浪周期称为平衡周期 T_e(在势流理论范围内，由于黏性效应的存在，T_e 不可能完全消失)。在波浪周期小于平衡周期 T_e 时，垂荡运动较小，当波浪周期超过平衡周期并接近半潜式平台固有周期时，垂荡运动幅值急剧增加，半潜式平台性能会变差。随着 α 值的增加，ω_e 向低频移动，平衡周期 T_e 增加。

当超过平衡周期并接近半潜式平台固有周期时，半潜式平台性能会变差。因此，在设计半潜式平台尺寸时，尽量使其平衡周期大于波浪周期上限。假定波浪周期上限为18～22 s，当平台吃水为20 m时，令平衡周期 $T_e = 20$ s，得出的 α 值为

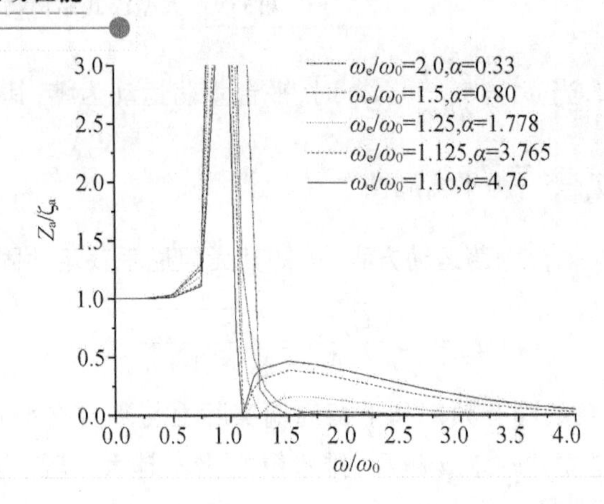

图 5-6　在不同$\frac{\omega_e}{\omega_0}$情况下，升沉传递函数随$\frac{\omega}{\omega_0}$的变化

$$\alpha=\frac{g}{d\omega_e^2}\approx 5$$

于是，垂荡运动固有周期为

$$T_0=\sqrt{\frac{1+\alpha}{\alpha}}T_e\approx 22(\mathrm{s})$$

由此得出，半潜式平台要求系数 α 较大，因此要求浮筒的体积庞大，最好是偏平的(为了使系数 C_m 达到最大值)。

5.10　软件 HydroStar 使用简介

1. HydroStar 软件功能简介

HydroStar 软件专业版是由法国 BV 船级社(Bureau Veritas)(1991—2006)开发的三维势流水动力分析软件，采用三维自由面格林函数边界元法进行浮体三维水动力分析。

HydroStar for Experts 的具体功能如下：

(1)速度势的一阶解；

(2)附加质量和兴波阻尼矩阵；

(3)绕射力和 Froude Krylov 载荷；

(4)浮体运动响应传递函数；

(5)二阶低频载荷；

(6)波浪、流干扰；

(7)内部流体运动的影响；

(8)考虑航速效应；

(9)船体上的压力分布；

(10)物体周围的波域。

2. HydroStar 软件的结构

HydroStar 软件主体结构介绍如图 5 - 7 所示。HydroStar 软件由以下几个模块组成：

(1) HSlec：网格的读取

输入：物体形状(坐标，面连通性和对称条件)；

输出：物体的静力学特性(体积，浮心，湿表面，水线面和惯量等)。

(2) HSrdf：辐射和绕射计算

输入：波浪条件(波频，浪向，水深)；

输出：波浪激励载荷。

(3) HSmec：运动计算

输入：力学特性(质量分布，附加刚度和阻尼矩阵)；

输出：附加质量，辐射阻尼矩阵和激励波浪载荷。

(4) HSwav：波浪可视化

输入：自由表面网格和波浪成分去除以可视化；

输出：船体运动和波的可视化。

(5) HSprs：压力计算

输入：计算压力的点的坐标；

输出：输入点的压力。

(6) HSdft 等：二阶低频和高频水动力载荷计算

输入：选择公式类型；

输出：二阶漂移载荷由三个公式计算(Fx, Fy, Mz)。

(7) HSwld：计算波浪载荷

输入：沿船长的质量分布，需要的作用力的位置；

输出：每个定义的站号的作用力。

(8) HSrao：幅值响应函数的构造

输入：选择使用者想要构造的传递函数，并选择存储结果的文件名；

输出：运动、速度、加速度和二阶载荷的传递函数。

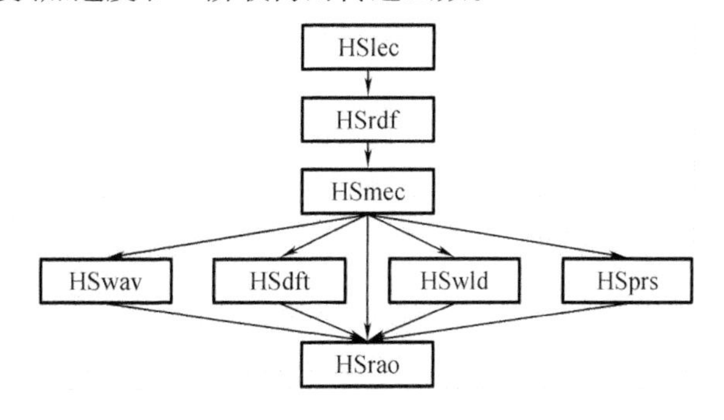

图 5 - 7　HydroStar 软件主体结构介绍

3. HydroStar 软件的坐标系及浪向规定

在 Hydrostar 中采用一个默认的坐标系 $O-xyz$ 进行水动力分析，水动力分析结果也在该坐标系下给出。这个坐标系的坐标原点在静水面上,Oz 轴铅垂向上,Ox 轴指向船首方向。为了方便定义浮体几何形状,用户也可以定义一个用户坐标系,该用户坐标系仅在输入文件中使用。该坐标系应该与坐标系 $O-xyz$ 平行,同时其原点在 Oz 轴上。如果用户坐标系的原点不在自由面上,用户在输入文件中应该指出实际的自由面在用户坐标系下的垂向坐标。

对于所有的计算结果,尽管使用者有可能定义其他点,默认以浮体重心(COG)为参考点。船体平移纵荡、横荡、垂荡分别是沿 Ox、Oy 和 Oz 轴方向的运动。船体旋转横摇、纵摇和艏摇相对于重心定义:

(1)横摇是绕平行 Ox 轴通过参考点的轴旋转;

(2)纵摇是绕平行 Oy 轴通过参考点的轴旋转;

(3)艏摇是绕平行 Oz 轴通过参考点的轴旋转。

在软件中,规则入射波由波幅(ζ_a)、波频(ω)和浪向角(β)描述。浪向角是波传播的方向和 Ox 轴正向之间的夹角。

5.11 HydroStar 软件的使用过程介绍

1. 网格生成

HydroStar 软件允许用户用 hsmsh 命令生成圆柱、半球、椭圆形柱体、方盒等简单几何形状浮体的水动力网格。另外,还可以采用其提供的 AMG 模块生成船体水动力网格。在使用 AMG 模块时,需要用户输入船体各站坐标和关于船体首尾部线型特征的信息。

对于 FPSO,半潜式平台等一般形状的浮体几何网格生成,可以通过 GAMBIT、PATRAN、ANSYS 等软件的几何建模模块来完成。在创建完网格文件后,进行编辑和转化,获得 Hydrostar 软件所要求的网格文件格式。

2. 读入网格

在 HydroStar 软件中用 hslec 模块读入网格。浮体面元可以用平面四边形或者平面三角形来表示,面元法向量指向流体。HydroStar 软件法向量方向指向流体如图 5-8 所示。

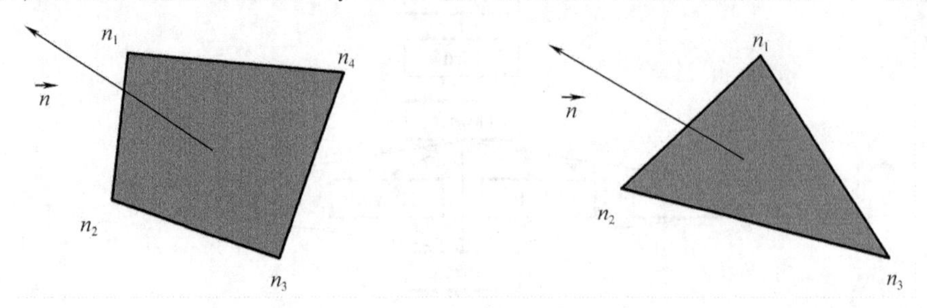

图 5-8 HydroStar 软件法向量方向指向流体

(1)在读入网格后,可以利用 hschk 命令初步完成网格质量检验,运行该命令后,输入如下网格质量信息:

①法矢量的一致性；

②零信号区的网格；

③重叠的网格；

④网格漏洞；

⑤没有用到的节点。

(2)运行 hstat 指令可对浮体进行静水力计算,包含以下内容:

①浮体体积；

②湿表面；

③水线面面积；

④水线面惯量；

⑤浮心与定倾中心的距离(BM)。

为下一步书写三体船的输入文件及计算惯性矩做准备。

(3)显示网格

在 HydroStar 界面键入“hvisu”就可以显示网格,某 LND 船体面元网格示意如图 5 -9 所示。

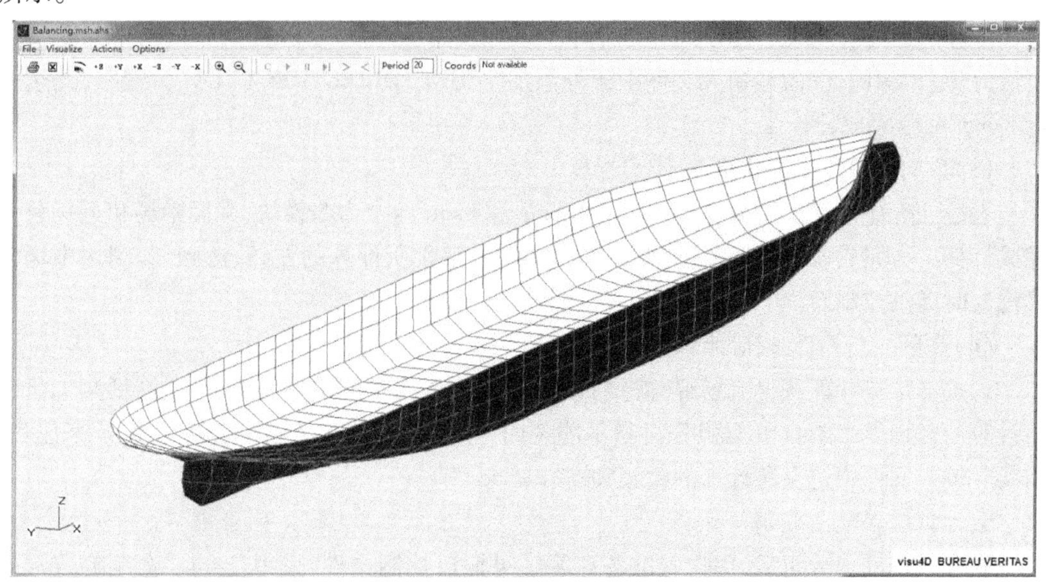

图 5 -9　某 LNG 船体面元网格示意图

3. 浮体绕射及辐射水动力计算

HydroStar 软件的辐射和绕射水动力分析计算建立在以下基础上:

①自由表面一阶和二阶势流理论；

②边界元积分方程；

③相关格林函数的有效计算；

④消除不规则频率。

通过输入指令 hsrdf 调入已有的辐射绕射计算文件(.rdf)即可对辐射及绕射进行计算。计算文件中输入内容包括波浪频率、浪向角、水深、航速、水动力分析参考点、是否去除不规则波频率等。

4. 浮体一阶运动响应计算

在进行浮体的辐射和绕射水动力分析后，通过输入指令 hsmec 调入已有的浮体运动分析输入文件(.mec)即可完成浮体运动响应分析。

计算文件中输入内容包括浮体惯性力矩阵、附加黏性阻尼矩阵、附加刚度矩阵、运动计算参考点等。

5. 浮体二阶水动力分析

当前 HydroStar 软件可进行四种情况下的二阶水动力分析，包括单向波中的二阶平均波浪力计算、双向波中的二阶平均波浪力计算、单向波或者双向波中完整波漂力载荷二次传递函数(QTF)计算、高频二阶载荷计算。

(1)单向波中的二阶平均波浪力

可采用近场压力积分、远场公式或者中场公式进行单向波中二阶定常波漂力计算。输入文件准备内容包括波漂力计算方法，如选择中场公式，需要在浮体周围的控制面设置参数，通过运行 hsdft 命令完成单向波中的二阶平均波浪力计算。

(2)双向波中的二阶平均波浪力

可选择近场公式或中场公式进行计算。运行该命令的输入文件与“单向波中二阶平均波浪力”基本相同，仅需在输入文件中额外添加“MULTI DIRECTION ELLE”关键字，通过运行 hsmdf 命令完成计算。

(3)单向波或双向波中低频 QTF 计算

通过二阶势计算获得流场解。需要 hsamg 和 hsqtf 两个命令模块，采用中场和近场公式完成计算。为完成该计算任务，需要在输入文件中定义所计算的差频、波频，若利用中场公式需同时提供控制面。

(4)高频二阶 QTF 载荷计算

通过二阶势计算获得流场解，需要 hsamg 和 hspg2 两个模块来完成计算，与低频二阶载荷计算的区别是二阶自由面积分贡献不能忽略，采用近场公式完成。为完成该计算任务，需要在输入文件中定义所计算的差频、波频。

6. 计算结果输出控制

在完成水动力分析后，用户需准备计算结果输出控制文件，采用“hsrao”命令完成浮体水动力分析工作。在用户准备的输出控制文件中，通过定义不同类型的传递函数，完成用户想要输出的内容。输出传递函数主要包括以下内容:

①运动、速度和加速度 *RAO*;

②辐射力附加质量和阻尼系数矩阵;

③波浪绕射力载荷;

④浮体周围的绕射和辐射波波高;

⑤漂移力载荷;

⑥二次传递函数载荷 *QTF*。

通过输入指令 hsrao 调入已有的输出控制文件(.rao)即可对已定义的输出内容输出计算结果。

7. 计算结果图形显示

在执行完指令 hsrao，完成计算结果输出后，运行指令 hsplt 则可对输出结果曲线进行绘制和显示，在计算机屏幕上得到相应的运动及水动力曲线。分析过程中可通过 hsplt 命令运行 rao 文件中的 gun 文件随时查看绘制的曲线。

第6章 浮体二阶水动力和慢漂运动

6.1 浮式平台二阶非线性问题概述

浮式海洋工程结构定位,即在海面上保持一定位置的能力是很重要的。如半潜式钻井平台由于钻井作业的需要,在海浪和海流的作用下,其水平位移要控制在一定范围内。对于浮式平台定位,普遍采用锚泊系统,包括传统的悬链线式锚泊系统、深水系泊中采用的张紧式和半张紧式系泊系统、张力腿平台的张力腿系泊系统等。

浮动式平台和定位系统作为一个整体,在风浪环境中产生运动,为正确设计这一系统,必须考虑系泊浮体的环境载荷及系泊系统的动力性能。

系泊浮动式平台漂浮于波浪中,除受到与波浪频率相等的波浪激励外,还受到与波浪传播方向一致的定常波漂力。对系泊系统和推进器系统的设计,必须考虑定常波漂力的作用。

在不规则风浪的作用下,系泊浮式平台在固有周期附近还会引发低频共振运动,特别是水平面内的低频缓慢漂移,浮体系统低频阻尼很小而振幅通常很大。浮体低频慢漂运动同时会在系泊缆索中诱发很大的张力,对系泊系统设计具有重要意义。浮体受到的慢漂力的重要来源是其受到的二阶差频波浪力。

张力腿平台系泊系统除了在水平面内会产生大幅慢漂运动外,在垂直平面内还会产生垂荡、横摇和纵摇运动固有周期附近的高频共振运动,容易导致张力筋键疲劳损伤。这一高频的共振运动主要是由波浪力的二阶高频作用产生的。

阐明存在非线性波浪影响的一个简单的方法,便是考虑在 Bernoulli 方程中与流体压力相关的速度二次项,该项为

$$-\frac{\rho}{2}(\boldsymbol{V}_1^2+\boldsymbol{V}_2^2+\boldsymbol{V}_3^2)=-\frac{\rho}{2}|\nabla\phi|^2 \tag{6-1}$$

式中 $\boldsymbol{V}$——流体速度矢量,$\boldsymbol{V}=(V_1,V_2,V_3)$。

这里要强调的是:式(6-1)只提供了非线性影响之一,其他的有关影响很可能同等重要。

考虑由圆频率为 ω_1 和 ω_2 的两组波浪组成的理想海况。速度的 x 分量可以近似写成

$$V_1=A_1\cos(\omega_1 t+\varepsilon_1)+A_2\cos(\omega_2 t+\varepsilon_2) \tag{6-2}$$

通过代数方法,可以得到

$$-\frac{\rho}{2}V_1^2=-\frac{\rho}{2}\left(\frac{A_1^2}{2}+\frac{A_2^2}{2}+\frac{A_1^2}{2}\cos(2\omega_1 t+2\varepsilon_1)+\frac{A_2^2}{2}\cos(2\omega_2 t+2\varepsilon_2)+\right.$$
$$\left.A_1A_2\cos((\omega_1-\omega_2)t+\varepsilon_1-\varepsilon_2)+A_1A_2\cos((\omega_1+\omega_2)t+\varepsilon_1+\varepsilon_2)\right) \tag{6-3}$$

因此,我们得到了一个由 $-0.5\rho\left(\frac{A_1^2}{2}+\frac{A_2^2}{2}\right)$表示的常量项和一个以差频 $\omega_1-\omega_2$ 振荡的

压力项。对于更为实际的海况,考虑到波浪是由不同圆频率 ω_i 的 N 个分量综合组成,我们将得到具有差频为 $\omega_j-\omega_k(k,j=1,\cdots,N)$ 的各压力项。这些非线性干扰项产生缓变的激励力和力矩,它们对系泊结构物的纵荡、横荡和艏摇等运动可能引起共振。典型的共振周期为 1 ~2 min。

通过式(6 -3)同时还可以看出:非线性影响产生激励力的频率高于波谱的主频率,这是由于各项具有 $2\omega_1$,$2\omega_2$,$(\omega_1+\omega_2)$ 频率的振荡。这对激励 TLP 平台的垂荡、纵摇和横摇运动的共振可能是重要的,典型的共振周期为 2 ~4 s。TLP 平台的回复力主要来自牵索的拉力和平台结构的质量力。

6.2　压力直接积分法获得二阶漂移力

在计算波浪对海洋结构物的波浪漂移力时不必求解二阶问题。我们所需要的所有信息都可以从线性一阶解中获得。对于不规则海况的结果可从叠加规则波中的结果得到。

获取平均波浪力和力矩的方法之一是压力直接积分法。该方法的要点是通过 Bernoulli 方程获得压力,并在形式上写出作用于浮体表面的力和力矩,准确至波幅的二阶,可以获得所有力的三个分量和力矩的三个分量。

下面以规则深水波入射作用于二维穿透自由液面的物体作为这个方法的例子。假设波长很小,柱体表面垂直于自由液面。由于波长很小,柱体在波浪中不产生振荡。而且,波浪只作用在柱体上游一侧的自由液面区域,在下游一侧只有阴影区域。从水动力学角度分析,这就像入射波作用于垂直壁面。

1. 直墙上的平均波浪载荷

规则波作用在直墙上的平均波浪载荷可以通过完整的伯努利方程计算流场中的压力来获得。在不规则波中可以用叠加原理来确定这些载荷。当波不是很长时,这种方法也可以用来估计横浪中船的平均波浪漂移力(波浪从船侧靠近)。

(1)规则波中直墙上的平均波漂力

图 6 -1 表示规则波(在深水中)垂直入射一个无限深度的垂直墙。波浪将会完全反射,从而在墙上产生驻波。

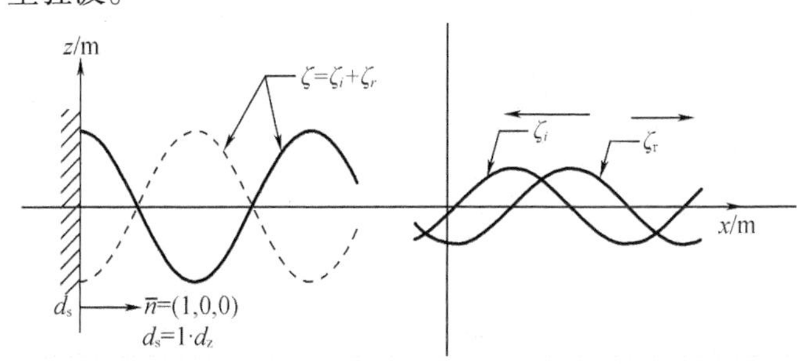

图 6 -1　规则波(在深水中)垂直入射一个无限深度的垂直墙

未被扰动的入射波定义为

$$\Phi_i=-\frac{\zeta_a g}{\omega}e^{kz}\sin(+kx+\omega t)\text{和}\zeta_i=\zeta_a\cos(+kx+\omega t) \tag{6-4}$$

反射波定义为

$$\Phi_{\mathrm{r}} = -\frac{\zeta_{\mathrm{a}} g}{\omega} e^{kz} \sin(-kx + \omega t) \text{和} \zeta_{\mathrm{r}} = \zeta_{\mathrm{a}} \cos(-kx + \omega t) \tag{6-5}$$

总波系可以通过这两种波的叠加来确定,得出了一个驻波系统:

$$\left.\begin{aligned} \Phi = \Phi_i + \Phi_{\mathrm{r}} &= -2\frac{\zeta_{\mathrm{a}} g}{\omega} e^{kz} \cos(kx)\sin(\omega t) \\ \zeta = \zeta_i + \zeta_{\mathrm{r}} &= 2\zeta_{\mathrm{a}} \cos(kx)\cos(\omega t) \end{aligned}\right\} \tag{6-6}$$

根据伯努利方程,流体压力可表示如下:

$$p = -\rho g z - \rho \frac{\partial \Phi}{\partial t} - \frac{1}{2}\rho(\nabla\Phi)^2 = -\rho g z - \rho \frac{\partial \Phi}{\partial t} - \frac{1}{2}\rho\left(\left(\frac{\partial \Phi}{\partial x}\right)^2 + \left(\frac{\partial \Phi}{\partial z}\right)^2\right) \tag{6-7}$$

速度势 $\Phi(x,z,t)$ 对 t、x 和 z 的导数可表示如下:

$$\begin{aligned} \frac{\partial \Phi}{\partial t} &= -2\zeta_{\mathrm{a}} g e^{kz} \cos(kx)\cos(\omega t) \\ u = \frac{\partial \Phi}{\partial x} &= +2\zeta_{\mathrm{a}} \omega e^{kz} \sin(kx)\sin(\omega t) \\ \omega = \frac{\partial \Phi}{\partial z} &= -2\zeta_{\mathrm{a}} \omega e^{kz} \cos(kx)\sin(\omega t) \end{aligned} \tag{6-8}$$

在墙上($x=0$),波面升高和速度势的导数为

$$\left.\begin{aligned} \zeta &= 2\zeta_{\mathrm{a}} \cos(\omega t) \\ \frac{\partial \Phi}{\partial t} &= -2\zeta_{\mathrm{a}} g e^{kz} \cos(\omega t) \\ u &= \frac{\partial \Phi}{\partial x} = 0 \\ \omega = \frac{\partial \Phi}{\partial z} &= -2\zeta_{\mathrm{a}} \omega e^{kz} \sin(\omega t) \end{aligned}\right\} \tag{6-9}$$

墙上的压力为

$$\begin{aligned} p &= -\rho g z - \rho \frac{\partial \Phi}{\partial t} - \frac{1}{2}\rho\left(\left(\frac{\partial \Phi}{\partial x}\right)^2 + \left(\frac{\partial \Phi}{\partial z}\right)^2\right) \\ &= -\rho g z + 2\rho g \zeta_{\mathrm{a}} e^{kz} \cos(\omega t) - \frac{1}{2}\rho(4\zeta_{\mathrm{a}}^2 \omega^2 e^{2kz} \sin^2(\omega t)) \\ &= -\rho g z + 2\rho g \zeta_{\mathrm{a}} e^{kz} \cos(\omega t) - \rho \zeta_{\mathrm{a}}^2 \omega^2 e^{2kz}(1 - \cos(2\omega t)) \end{aligned} \tag{6-10}$$

墙上随时间变化的压力也可表示为

$$p = \bar{p}^{0} + \tilde{p}^{(1)} + \bar{p}^{(2)} + \tilde{p}^{(2)} \tag{6-11}$$

其中

$$\left.\begin{aligned} \bar{p}^{0} &= -\rho g z \\ \tilde{p}^{(1)} &= +2\rho g \zeta_{\mathrm{a}} e^{kz} \cos(\omega t) \\ \bar{p}^{(2)} &= -\rho \zeta_{\mathrm{a}}^2 \omega^2 e^{2kz} \\ \tilde{p}^{(2)} &= +\rho \zeta_{\mathrm{a}}^2 \omega^2 e^{2kz} \cos(2\omega t) \end{aligned}\right\} \tag{6-12}$$

作用在直墙上的平均力一般表达为

$$\bar{F} = -\overline{\int_{-\infty}^{\zeta} (\bar{p} \cdot \bar{n}) \cdot \mathrm{d}S} \tag{6-13}$$

式中,整个积分的上标直线表示时间平均。

因为 $\bar{n}=(1,0,0)$,而 $\mathrm{d}S=1\cdot\mathrm{d}z$,这个平均力表示为

$$\bar{F} = -\overline{\int_{-\infty}^{\zeta(t)} p(z,t) \cdot \mathrm{d}z} \tag{6-14}$$

这个力沿着垂直轴被分成了两部分,一部分在静水面以上,另一部分在静水面以下:

$$\bar{F} = -\overline{\int_{-\infty}^{0} p(z,t) \cdot \mathrm{d}z} - \overline{\int_{0}^{\zeta(t)} p(z,t) \cdot \mathrm{d}z} = \overline{F_1} + \overline{F_2} \tag{6-15}$$

其中

$$p(z,t) = \bar{p}^{0} + \tilde{p}^{(1)} + \bar{p}^{(2)} + \tilde{p}^{(2)}, \zeta(t) = \tilde{\zeta}^{(1)}(t) \tag{6-16}$$

式(6－15)中,第一部分 $\overline{F_1}$ 为从 $-\infty$ 到 0 的积分,它仅仅组合了 $\bar{p}^{0}$ 和 $\bar{p}^{(2)}$ 的贡献:

$$\begin{aligned}
\overline{F_1} &= -\overline{\int_{-\infty}^{0} p(z,t) \cdot \mathrm{d}z} \\
&= -\int_{-\infty}^{0} (-\rho g z - \rho \zeta_{\mathrm{a}}^{2} \omega^{2} \mathrm{e}^{2kz}) \cdot \mathrm{d}z \\
&= \rho \omega^{2} \zeta_{\mathrm{a}}^{2} \int_{-\infty}^{0} \mathrm{e}^{2kz} \cdot \mathrm{d}z \\
&= \frac{1}{2} \rho g \zeta_{\mathrm{a}}^{2}
\end{aligned} \tag{6-17}$$

该力指向背离墙的方向,式(6－17)中,第一项定常的($-\rho g z$)已经忽略不计,第二项($-\rho g \zeta_a^2 \omega^2 \mathrm{e}^{2kz}$)中运用了深水中的色散关系($\omega^2 = kg$)。

式(6－15)的第二部分 $\overline{F_2}$ 为从 0 到 $\zeta(t)$ 的积分,它仅计及 $\bar{p}^{0}$ 和 $\tilde{p}^{(1)}$ 的贡献,因此非定常力 $F_2(t)$ 可表示为

$$\begin{aligned}
F_2(t) &= -\int_{0}^{\zeta(t)} p(z,t) \cdot \mathrm{d}z \\
&= -\int_{0}^{\zeta(t)} (-\rho g \cdot z + \rho g \cdot \zeta(t)) \cdot \mathrm{d}z \\
&= +\rho g \int_{0}^{\zeta(t)} z \cdot \mathrm{d}z - \rho g \int_{0}^{\zeta(t)} \zeta(t) \cdot \mathrm{d}z \\
&= +\frac{1}{2} \rho g \cdot \{\zeta(t)\}^{2} - \rho g \cdot \{\zeta(t)\}^{2} \\
&= -\frac{1}{2} \rho g \cdot \{\zeta(t)\}^{2}
\end{aligned} \tag{6-18}$$

因为

$$\zeta(t)=2\cdot\zeta_a\cdot\cos(\omega t),\cos^2(\omega t)=\frac{1}{2}\cdot(1+\cos(2\omega t)) \tag{6-19}$$

这一部分的力表示为

$$\begin{aligned}F_2(t)&=-\frac{1}{2}\rho g\cdot 4\cdot\zeta_a^2\cdot\cos^2(\omega t)\\&=-\rho g\cdot\zeta_a^2\cdot(1+\cos(2\omega t))\end{aligned} \tag{6-20}$$

所需要的力的平均值表示为

$$\overline{F_2}=-\rho g\cdot\zeta_a^2 \tag{6-21}$$

其中

ζ_a——入射波的波幅,该力的方向指向墙。

如图 6-2 所示为直墙上的平均波浪载荷,作用在单位长度墙上的合力的平均值为

$$\overline{F}=\overline{F_1}+\overline{F_2}=+\frac{1}{2}\rho g\zeta_a^2-\rho g\zeta_a^2 \tag{6-22}$$

即

$$\overline{F}=-\frac{1}{2}\rho g\zeta_a^2 \tag{6-23}$$

式(6-23)中,假设入射波完全被反射,合力的大小与入射波波幅的平方成比例,方向指向墙。

注意这个力与单位面积入射波的能量有关:

$$E=\frac{1}{2}\rho g\cdot\zeta_a^2 \tag{6-24}$$

比较式(6-23)和式(6-24)可以发现,平均波浪漂移力在数值上等于单位面积入射波的能量。

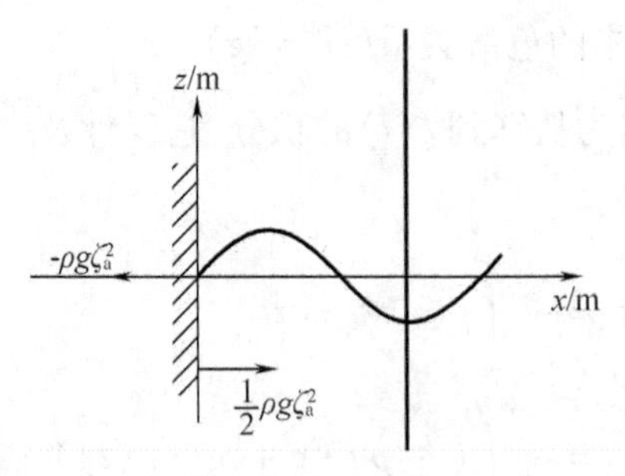

图 6-2　直墙上的平均波浪载荷

(2)不规则波中直墙上的平均波漂力

上述发现也将用来确定不规则波中的平均波浪漂移力。借助波谱定义如下:

$S_\zeta(\omega)\mathrm{d}\omega=\frac{1}{2}\zeta_a^2(\omega)$及一个零阶矩:

$$m_0=\int_0^\infty S_\zeta(\omega)\cdot\mathrm{d}\omega \tag{6-25}$$

作用在墙上的合力可以写成

$$\overline{F} = -\sum \frac{1}{2}\rho g \cdot \zeta_a^2(\omega)$$

$$= -\rho g \int_0^{\infty} S_\zeta(\omega) \cdot \mathrm{d}\omega$$

$$= -\rho g \cdot m_{0\zeta} \tag{6-26}$$

因为

$$H_{\frac{1}{3}} = 4\sqrt{m_{0\zeta}} \text{ 或 } m_{0\zeta} = \frac{1}{16} \cdot H_{\frac{1}{3}}^2 \tag{6-27}$$

从而单位长度墙上平均波浪漂移力可以表示为

$$\overline{F} = -\frac{1}{16} \cdot \rho g \cdot H_{\frac{1}{3}}^2 \tag{6-28}$$

(3)直墙上的平均波漂力公式对船的近似

截止到现在都是假设入射波完全被反射。当波浪不是很长,以至于水的运动大都集中在海的表面附近时,对大船也可以运用全反射假设。从而,式(6－28)可以被用作船在横浪中所受到的平均波浪漂移力的一阶近似。

一个有义波高 $H_{\frac{1}{3}}$ 为 6.0 m 的横浪作用在一个长度 L 为 300 m 的示例船上的平均波浪漂移力可以很容易近似。假设所有的波都被反射,则平均波浪漂移力为

$$F = \frac{1}{16} \times \rho g \times H_{\frac{1}{3}}^2 \times L$$

$$= \frac{1}{16} \times 1.025 \times 9.806 \times 4.0^2 \times 300 \approx 3\ 000(\mathrm{kN}) \tag{6-29}$$

2. 浮式结构的平均波漂力

在浮式结构情况下,类似上述分析过程,可通过伯努利压力积分法保留二阶项来计算浮体所受波浪漂移力。与固定结构不同的是由于浮体结构运动影响到了浮体几何位置变化、水线附近浮体湿表面积变化等,波浪载荷表达式中需要补充额外项,浮体结构波浪漂移力表达式变得更加复杂。感兴趣的读者可以参阅戴遗山、段文洋、Molin 的著作。

在规则波中得到波浪平均力表达式的另一种方法是应用流体中的动量守恒方程。Maruo 利用流体动量守恒方程导出了一个十分有用的公式,用以计算规则深水入射波作用在二维物体上的漂移力。物体可以是固定的或绕某一平衡位置自由漂浮振荡。没有水流,物体也没有等速运动。

Maruo 按照动量定理获得的波漂力公式仅用于纵荡和横荡。Newman 对艏摇漂移力矩建立了类似的公式。Maruo－Newman 公式(或远场公式)的好处是可以利用速度势的远场表达式计算浮体评价波漂力。该公式的数值精度比直接压力积分精度要高,但它仅能用于波浪漂移力的三个水平分量(纵荡、横荡和艏摇力矩)的计算。另一个局限性是在存在水动力相互作用的多个结构的情况下,它不能获得分别作用在每个结构上的漂移力。

6.3 不规则波中的平均波浪载荷计算

已知规则波条件下的波浪平均载荷后,就容易获得不规则波中的波浪载荷。

现在设想,利用直接压力积分法求取作用在结构物上的平均波浪载荷。步骤的一部分是要分析 Bernoulli 方程(即式(6-1))中速度二阶项的作用。在式(6-2)和式(6-3)中,分析了具有两个波浪成分理想海况的结果。式(6-3)中的结果表明,可以将每一波浪成分贡献的平均力线性相加。如果用 N 个波浪成分,确实也发生同样的情况。其他分量对平均波浪载荷的贡献可以用相似的求和方法。因此,平均波浪载荷可以用下式表达:

$$\overline{F}_i^s = \sum_{j=1}^{N}\left(\frac{\overline{F}_i(\omega_j,\beta)}{\zeta_a^2}\right)A_j^2,\quad i=1,\cdots,6 \tag{6-30}$$

式中,$\overline{F}_i(\omega_j,\beta)$是圆频率为$\omega_j$、波幅为$A_j$,传播方向为$\beta$的规则入射波中第$j$个平均波浪载荷的分量。再将$\overline{F}_i(\omega_j,\beta)$除以波幅的平方$\zeta_a^2$,则$\overline{F}_i(\omega_j,\beta)/\zeta_a^2$与波幅无关。引入海浪谱,可将式(6-30)以积分形式转换为

$$\overline{F}_i^s = 2\int_0^{\infty}S(\omega)\left(\frac{\overline{F}_i(\omega,\beta)}{\zeta_a^2}\right)\mathrm{d}\omega,\quad i=1,\cdots,6 \tag{6-31}$$

6.4 不规则波中的二阶慢漂力

慢漂运动是由波浪与物体运动之间非线性相互作用而激发的共振,由于阻尼较低而发生大幅度运动。在大型结构物系泊系统的设计中,慢漂运动与一阶线性运动同等重要。对于系泊结构物,慢漂共振运动出现在纵荡、横荡及艏摇运动中。对小水线面面积的自由漂浮结构物,在垂荡、纵摇及横摇运动中也会出现二阶慢漂运动。

当平均波浪载荷大时,慢漂激励载荷也会很大。这说明对于大型结构物,慢漂运动是非常重要的。

1. 浮体二阶波浪力的直接压力积分表达式

慢漂激励载荷的一般公式可用类似平均波浪载荷表达式的方法部分地导出。Pinkster 和 van Oortmerssen 采用压力直接积分法获得了慢漂激励载荷中来自一阶速度势的贡献。如要获得完整的慢漂激励载荷,还需要考虑二阶势的贡献。Journee 和 Massie 从浮体和波浪二阶水动力分析的定解条件出发,保留伯努利水动压力方程中的速度平方项和二阶势的贡献,通过压力直接积分法获得了作用在浮体平均位置的二阶水动力载荷(力和力矩)。这里省略推导过程,直接给出结果:

$$\boldsymbol{F}^{(2)} = m\cdot R^{(1)}\cdot\ddot{X}_G^{(1)} + \iint_{S_0}\left(\frac{1}{2}\rho(\nabla\boldsymbol{\Phi}^{(1)})^2 + \rho\frac{\partial\boldsymbol{\Phi}^{(2)}}{\partial t} + \rho\boldsymbol{X}^{(1)}\cdot\nabla\frac{\partial\boldsymbol{\Phi}^{(1)}}{\partial t}\right)\cdot\boldsymbol{n}\cdot\mathrm{d}s - \int_{wl}\frac{1}{2}\rho g(\zeta_r^{(1)})^2\cdot\boldsymbol{n}\mathrm{d}l \tag{6-32}$$

$$\vec{M}^{(2)} = [I]R^{(1)} \cdot \ddot{X}_{G}^{(1)} + \iint_{S_0} \left[\frac{1}{2}\rho(\nabla\boldsymbol{\Phi}^{(1)})^2 + \rho\frac{\partial\boldsymbol{\Phi}^{(2)}}{\partial t} + \rho\boldsymbol{X}^{(1)} \cdot \nabla\frac{\partial\boldsymbol{\Phi}^{(1)}}{\partial t}\right] \cdot (\boldsymbol{r}_{\mathrm{op}} \times \boldsymbol{n}) \cdot \mathrm{d}s - \int_{wl} \frac{1}{2}\rho g(\zeta_{\mathrm{r}}^{(1)})^2 \cdot (\boldsymbol{r}_{\mathrm{op}} \times \boldsymbol{n})\mathrm{d}l \tag{6-33}$$

式中　$R^{(1)}$——浮体绕转动中心的一阶转角位移；

$\ddot{X}_{G}^{(1)}$——浮体转动中心一阶线位移矢量；

$\boldsymbol{X}^{(1)}$——浮体上某点一阶摇荡运动位移；

$\boldsymbol{\Phi}^{(1)}$——浮体与来波相互作用的一阶流场速度势，含有一阶入射势、辐射势和绕射势贡献；

$\boldsymbol{\Phi}^{(2)}$——浮体与来波相互作用的二阶流场速度势，含有二阶入射势、二阶绕射势的贡献；

$\boldsymbol{n}$——浮体表面某点法矢量，这里其正方向指向流体；

$\zeta_{r}^{(1)}$——相对波高，表示浮体水线位置处一阶波面起伏和浮体一阶垂向运动之间的相对位移，表达为

$$\zeta_{r}^{(1)} = \zeta^{(1)} - X_{3\mathrm{wl}}^{(1)} \tag{6-34}$$

通过式(6-33)和式(6-34)可知浮体受到的二阶波浪力载荷源于一阶势贡献和二阶势贡献两部分。应用这两个公式计算浮体受到的二阶力，需要求解流场一阶速度势 $\boldsymbol{\Phi}^{(1)}$ 和二阶速度势 $\boldsymbol{\Phi}^{(2)}$ 及相应的导数和波面起伏 $\zeta^{(1)}$，关于一阶速度势 $\boldsymbol{\Phi}^{(1)}$ 的辐射和绕射势求解，在第 4 章中有讨论。关于二阶速度势，二阶入射势和浮体无关，可以通过解析得到，而二阶绕射势的求解涉及与一阶势有关的自由面非齐次边界条件，数值求解时常将二阶绕射势分解为二阶和频绕射势和二阶差频绕射势两部分。实际上，相对于一阶速度势的数值求解，二阶绕射势的数值求解要更为复杂和耗时。

2. 浮体二阶波浪力传递函数

通过上面给出的波浪中浮体二阶波浪力载荷公式，可以获得浮体的平均波漂力和二阶差频(慢漂)力传递函数表达式。通过浮体频域水动力分析数值计算浮体二阶波浪力传递函数后，在不规则波中对各个子波对求和后，就可以估算浮体在不规则波中的二阶波浪力。

参考黄祥鹿、陆鑫森、Journee 和 Massie 等人的推导过程，以二阶波浪力中水线积分项的贡献为例，讨论二阶波浪力传递函数的获取过程。

$$F_{i}^{(2)} = -\int_{wl} \frac{1}{2}\rho g(\zeta_{\mathrm{r}}^{(1)}(t,l))^2 \cdot n_i \cdot \mathrm{d}l \tag{6-35}$$

在长峰不规则波中，相对于浮体重心平均位置的一阶入射波可以表示为

$$\zeta^{(1)}(t) = \sum_{j=1}^{N} \zeta_{ja}^{(1)} \cdot \cos(\omega_j t + \varepsilon_j) \tag{6-36}$$

式中　$\zeta_{ja}^{(1)}$——一阶规则子波波幅；

ω_j——一阶规则子波圆频率；

ε_j——一阶规则子波随机相位角。

将沿着浮体水线上点 l 处相对波面位移写成如下形式：

$$\zeta_{\mathrm{r}}^{(1)}(t)=\sum_{j=1}^{N}\zeta_{j\mathrm{a}}^{(1)}\frac{\zeta_{\mathrm{ra}j}^{(1)}(l)}{\zeta_{j\mathrm{a}}^{(1)}}\cdot\cos(\omega_j t+\varepsilon_j+\varepsilon_{\mathrm{r}j}(l))$$

$$=\sum_{j=1}^{N}\zeta_{j\mathrm{a}}^{(1)}\zeta_{\mathrm{ra}j}^{(1)\prime}(l)\cdot\cos(\omega_j t+\varepsilon_j+\varepsilon_{\mathrm{r}j}(l))\tag{6-37}$$

其中　$\zeta_{\mathrm{ra}j}^{(1)\prime}(l)$——相对波面位移幅值传递函数；

$\varepsilon_{\mathrm{r}j}(l)$——相对波面位移相位角传递函数。

将式(6－37)代入二阶波浪力的水线积分项，有

$$\begin{aligned}F_i^{(2)}=&\sum_{j=1}^{N}\sum_{k=1}^{N}\zeta_{\mathrm{a}j}^{(1)}\zeta_{\mathrm{a}k}^{(1)}P_{jk}^{-}\cdot\cos((\omega_k-\omega_j)t+(\varepsilon_k-\varepsilon_j))+\\&\sum_{j=1}^{N}\sum_{k=1}^{N}\zeta_{\mathrm{a}j}^{(1)}\zeta_{\mathrm{a}k}^{(1)}Q_{jk}^{-}\cdot\sin((\omega_k-\omega_j)t+(\varepsilon_k-\varepsilon_j))+\\&\sum_{j=1}^{N}\sum_{k=1}^{N}\zeta_{\mathrm{a}j}^{(1)}\zeta_{\mathrm{a}k}^{(1)}P_{jk}^{+}\cdot\cos((\omega_k+\omega_j)t+(\varepsilon_k+\varepsilon_j))+\\&\sum_{j=1}^{N}\sum_{k=1}^{N}\zeta_{\mathrm{a}j}^{(1)}\zeta_{\mathrm{a}k}^{(1)}Q_{jk}^{+}\cdot\sin((\omega_k+\omega_j)t+(\varepsilon_k+\varepsilon_j))\end{aligned}\tag{6-38}$$

式中　P_{jk}^{-}、Q_{jk}^{-}——与时间无关的差频力传递函数，可以表示为

$$P_{jk}^{-}=\int_{\mathrm{wl}}-\frac{1}{4}\rho g\zeta_{\mathrm{ra}j}^{(1)\prime}\zeta_{\mathrm{ra}k}^{(1)\prime}\cdot\cos(\varepsilon_{\mathrm{r}k}(l)-\varepsilon_{\mathrm{r}j}(l))n_i\mathrm{d}l$$

$$Q_{jk}^{-}=\int_{\mathrm{wl}}\frac{1}{4}\rho g\zeta_{\mathrm{ra}j}^{(1)\prime}\zeta_{\mathrm{ra}k}^{(1)\prime}\cdot\sin(\varepsilon_{\mathrm{r}k}(l)-\varepsilon_{\mathrm{r}j}(l))n_i\mathrm{d}l\tag{6-39}$$

其中　P_{jk}^{+}、Q_{jk}^{+}——与时间无关的和频力传递函数，可以表示为

$$P_{jk}^{+}=\oint_{\mathrm{wl}}-\frac{1}{4}\rho g\zeta_{\mathrm{ra}j}^{(1)\prime}\zeta_{\mathrm{ra}k}^{(1)\prime}\cdot\cos(\varepsilon_{\mathrm{r}k}(l)+\varepsilon_{\mathrm{r}j}(l))n_1\mathrm{d}l$$

$$Q_{jk}^{+}=\oint_{\mathrm{wl}}\frac{1}{4}\rho g\zeta_{\mathrm{ra}j}^{(1)\prime}\zeta_{\mathrm{ra}k}^{(1)\prime}\cdot\sin(\varepsilon_{\mathrm{r}k}(l)+\varepsilon_{\mathrm{r}j}(l))n_i\mathrm{d}l\tag{6-40}$$

类似地，也可以分析其他一阶势积分项对二阶波浪力贡献的传递函数。另外，考虑不规则波离散中的任意两个具有波浪圆频率 ω_j 和 ω_k 的规则子波与浮体间的二阶相互作用，也可以获得二阶势引起的二阶波浪力传递函数的差频力和和频力表达形式。

式(6－40)中的差频波浪力传递函数 P_{jk}^{-}、Q_{jk}^{-} 具有特别重要的意义，其表示的差频力以频率对差 $\Delta\omega=\omega_j-\omega_k$ 缓慢变化，当 $\Delta\omega$ 接近锚泊结构水平运动固有频率时，容易引起浮体大幅低频慢漂运动。对于半潜式平台和 SPAR 平台等小水线面结构，垂荡、横摇和纵摇运动固有周期相对较长，经常位于常见波浪周期范围外，二阶差频波浪力也会激励其垂向共振运动。

对于包含有限数量谐波的不规则波，P_{jk}^{-}、Q_{jk}^{-} 组成一矩阵，其主对角线上的数值 P_{jj}^{-} 相当于规则波中的平均波漂力。

由于 P_{jk}^{-}、Q_{jk}^{-} 总是成对出现，通过其定义可知

$$\left.\begin{aligned}P_{jk}^{-}&=P_{kj}^{-}\\Q_{jk}^{-}&=-Q_{kj}^{-}\end{aligned}\right\}\tag{6-41}$$

注意到式(6－38)中的所有振荡项在一个长周期中的平均值都是零，就可得到式

(6－38)的平均值。只有当 $k=j$ 时,才会出现与时间无关的项:

$$\overline{F_i^{SV}} = \sum_{j=1}^{N} (\zeta_{aj}^{(1)})^2 P_{jj}^- \tag{6-42}$$

这个结果与式(6－30)类似,即$(\zeta_{aj}^{(1)})^2 P_{jj}^-$代表了由波幅为 A_j、圆频率为 ω_j 的入射规则波引起的 i 方向上的平均波浪载荷。

3. 纽曼近似估算浮体二阶差频波浪力

如前文所示,不规则波中浮体受到的二阶差频波浪力可以表示为

$$F_i^- = \sum_{j=1}^{N}\sum_{k=1}^{N} \zeta_{aj}^{(1)}\zeta_{ak}^{(1)} P_{jk}^- \cdot \cos((\omega_k - \omega_j)t + (\varepsilon_k - \varepsilon_j)) + \sum_{j=1}^{N}\sum_{k=1}^{N} \zeta_{aj}^{(1)}\zeta_{ak}^{(1)} Q_{jk}^- \cdot \sin((\omega_k - \omega_j)t + (\varepsilon_k - \varepsilon_j)) \tag{6-43}$$

在进行不规则波中系泊结构大幅慢漂运动预报时,关键问题就是准确估算浮体受到的二阶差频力传递函数,其源于一阶势和二阶势两部分贡献,而二阶势部分数值计算更为困难。

Molin 指出对于二阶绕射势中的差频分量,在数值上当两个频率之差很小时,自由面积分的贡献(表示二阶绕射势贡献的一部分)通常可以忽略。但对于二阶波浪力中的和频分量,尽管二阶绕射势贡献计算工作量巨大,但其影响不可忽略。

实际上,对于二阶差频力估算通常采用的方法是纽曼近似(Newman' approximation)。Newman 提出二阶差频力传递函数可以通过平均波浪漂移力估算。这样可大幅减少计算时间,而且不需要计算二阶速度势。纽曼近似之所以常常能够得到令人满意的结果,是因为 P_{jk}^- 和 Q_{jk}^- 一般随频率的变化不大,而且人们只对 ω_j 接近于 ω_k 时的 P_{jk}^- 和 Q_{jk}^- 的结果感兴趣,因为大的频差 $\omega_j - \omega_k$ 所对应的振荡周期较小,从而远离结构物的共振周期。因此,P_{jk}^- 和 Q_{jk}^- 可用沿 $\omega_j=\omega_k$ 连线的值近似。

纽曼近似意味着

$$P_{jk}^- = P_{kj}^- = 0.5(P_{kk}^- + P_{jj}^-) \tag{6-44}$$

$$Q_{jk}^- = Q_{kj}^- = 0 \tag{6-45}$$

法国 BV 船级社的陈晓波等基于估算波浪漂移力的纽曼近似,提出了一个不规则波中波浪漂移力的估算公式,表达式中仅含有低频分量,不含有高频项的影响。

$$F_i^{SV} = Re\left(\left(\sum_{j=1}^{N} P_{jj}^- a_j^* \exp(\mathrm{i}\omega_j t)\mathrm{e}^{\mathrm{i}\varepsilon_j}\right)\left(\sum_{j=1}^{N} a_j \exp(-\mathrm{i}\omega_j t)\mathrm{e}^{-\mathrm{i}\varepsilon_j}\right)\right) \tag{6-46}$$

式中 a_j——经过浮体重心处的自由面波高,可以表示为

$$a_j = \zeta_{aj}\mathrm{e}^{\mathrm{i}k_{0j}(X\cos\beta + Y\sin\beta)} \tag{6-47}$$

Faltisen 指出在使用纽曼近似估算浮体二阶波漂力时,应该注意波浪单元数目 N 的选择,必须保证$(\omega_{max} - \omega_{min})/N$ 只是我们希望激励的响应的固有频率的一小部分。为避免信号重复过快,随机选择 ω_j 对应的 A_j 值也是十分必要的。

大部分模拟锚泊结构低频性能的数值模拟都使用纽曼近似,规则波中的漂移力是唯一信息。实际上,纽曼近似给出的是浮体二阶差频力频响函数实部 P_{jk}^- 的估算(与时间项$\cos(\omega_k - \omega_j)t$相关),而忽略了浮体二阶差频力频响函数虚部 Q_{jk}^- 的影响。Molin 通过双色波

中垂直圆柱体上的二阶水平差频力分析，研究了二阶差频力频响函数实部 P_{jk}^{-} 和虚部 Q_{jk}^{-} 的估算方法和两者的相对贡献。研究指出使用纽曼近似取决于许多参数，如系统固有频率、绕－辐射程序及由此导出的漂移力、水深和水下容积等。例如纽曼近似不适用于研究半潜式平台共振下的纵摇和横摇运动，因为相关的周期太接近于波浪周期（典型的为 30 ~ 50 s），绕射效应在大波长时很小等，而此时能够对二阶差频力频响函数虚部 Q_{jk}^{-} 合理估算的雷尼方程式最为可取。

参 考 文 献

[1] SARPKAYA T, ISAACSON M, WEHAUSEN J V. Mechanics of wave forces on offshore structures[M]. New York: Nostrand Reinhold Company, 1981.

[2] ROSHKO A. Experiments on the flow past a circular cylinder at very high reynolds number[J]. Journal of Fluid Mechanics, 1961, 10 (3):345 -356.

[3] 张亮,李云波.流体力学[M].哈尔滨:哈尔滨工程大学出版社,2006.

[4] REMERY GFM. The Mean Wave, wind and current forces on offshore structures and their role in the design of mooring systems [C]. Houston: Offshore Technology Conference (OTC), 1973.

[5] MORISON J R, O'BRIEN M P, JOHNSON J W, et al. The force exerted by surface waves on piles[J]. AIME, 1950, 189:149 -154.

[6] KEULEGAN GARBIS H, CARPENTER LLOYD H. Forces on Cylinders and Plates in an Oscillating Fluid[J]. Journal of Research of the National Bureau of Standards, 1958, 60(5):423 -440.

[7] CLAUSS G, LEHMANN E, CARSTERN O. Conceptual Design and Hydromechanics[M]. London: Springer, 1992.

[8] 赵彬彬,段文洋.层析水波理论 - GN 波浪模型[M].北京:清华大学出版社,2014.

[9] JOURNEE JMJ, MASSIE W W, Offshore hydromechanics[M]. Delft: Delft University of Technology Press, 2001.

[10] FALTINSEN OM. Sea Loads on Ships and Offshore Structures[M]. Cambridge: Cambridge University Press, 1990.

[11] 王如森. 三维自由面 Green 函数及其导数(频域 - 无限水深)的数值逼近[J]. 水动力学研究与进展(A 辑), 1992(3):277 -286.

[12] TASAI F. On the swaying, yawing and rolling motions of ships in oblique waves[J]. International Ship building Progress, 1957, 14:153.

[13] SALVESEN N, TUCK EO, FALTINSEN O M, Ship motions and sea loads[J]. Society of Naval Architects and Marine Engineers, 1970, 78:250 -287.

[14] PINKSTER J A, VAN OORTMERSSEN G. Computation of the first and second order wave forces on oscillating bodies in regular waves: Proceedings of the 2nd International conference on Numerical Ship Hydrodynamics [C]. Berkeley: University Extension Publications, 1977.

[15] MARUO H. The drift of a body floating in wave[J]. Journal of Ship Research, 1960, 4(3):1 -10.

[16] NEWMAN J N. The drift force and moment on ships in waves[J]. Journal of Ship

Research, 1967,11(1):51 - 60.

[17] NEWMAN J N. Marine Hydrodynamics[M]. Cambridge:The MIT Press,1977.

[18] 黄祥鹿,陆鑫森. 海洋工程流体力学及结构动力响应[M]. 上海:上海交通大学出版社,1992.

[19] NEWMAN J N. Second order, slowly varying forces on vessels in irregular waves: Proceedings of International Symposium on Dynamics of Marine Vehicles and Structures in Waves[C]. London:Mechanical Engineering Publications Ltd, 1967.

[20] CHEN X B, REZENDE F. Efficient computations of second - order low - frequency wave load:Proceedings of the 28th International Conference on Ocean, Offshore and Arctic Engineering[C]. Honolulu:American Society of Mechanical Engineers, 2009.